图说海洋

海洋与文明
威尼斯

武鹏程◎主编

海洋出版社
北　京

图书在版编目(CIP)数据

海洋与文明：威尼斯/武鹏程主编. —北京：海洋出版社，2021.1

（图说海洋）

ISBN 978-7-5210-0606-3

Ⅰ.①海… Ⅱ.①武… Ⅲ. ①威尼斯共和国－历史－通俗读物 Ⅳ. ①K546.3-49

中国版本图书馆CIP数据核字（2020）第120841号

图说海洋

海洋与文明

威尼斯

HAIYANG YU WENMING

WEINISI

总 策 划：刘　斌

责任编辑：刘　斌

责任印制：赵麟苏

排　　版：海洋计算机图书输出中心　申彪

出版发行：海洋出版社

地　　址：北京市海淀区大慧寺路8号 (716房间)
100081

经　　销：新华书店

技术支持：(010) 62100055

网　　址：www.oceanpress.com.cn

发 行 部：(010) 62174379 (传真)　(010) 62132549
(010) 68038093 (邮购)　(010) 62100077

总 编 室：(010) 62114335

承　　印：北京朝阳印刷厂有限责任公司

版　　次：2021年1月第1版
2021年1月第1次印刷

开　　本：787mm × 1092mm　1/16

印　　张：16.25

字　　数：312千字

印　　数：1～4000册

定　　价：58.00元

前　言

威尼斯毗邻亚得里亚海，从最早的威尼斯人迁移到这里避祸，到举全国之力在水上建城。威尼斯人居于潟湖之上，资源缺乏，生存艰难，却不甘于命运，通过开展海洋贸易，谱写出一部波澜壮阔的历史。

687 年，威尼斯产生第一任元首，建立共和国，其建国初期隶属于拜占庭帝国，在 10 世纪末取得独立，凭借海洋贸易逐渐变得繁荣、富庶。

威尼斯独特的地理环境，造就了威尼斯人不得不靠海吃海的生存之路；另外，威尼斯是东西方宗教、文化的交汇之地，在历史上是东西方势力争相拉拢的对象，威尼斯人没有太多宗教信仰，他们要做的就是让自己富裕起来。

1096—1099 年，西方基督教世界在教皇号召下，发起了旨在收复在穆斯林的征服中被占领的累范特圣地的一项军事行动，即第一次十字军东征。威尼斯并没有热血沸腾，“唯利是图”的威尼斯人在冷眼旁观下，不忘自己在地中海各处的贸易利益，顺手借十字军东征的东风赚了点好处。经济决定权力，权力带来利益，13 世纪初，第四次十字军东征（1202—1204 年）的运输任务花落威尼斯之手。威尼斯借此将十字军变成自己的“雇佣军”，驱使他们成为自己瓜分拜占庭帝国的帮手。从此，威尼斯插上了腾飞的翅膀，威尼斯海洋帝国逐渐成形。

随着与东西方海洋贸易的日渐兴盛，横行地中海的威尼斯也惹来了强大的竞争对手，开始了与热那亚长达 200 年的军事斗争及贸易竞争。

盛极必衰是历史的规律，从古至今无一例外。对于威尼斯来讲，真正的“狼”并非热那亚这样的城邦国家，而是来自东方的奥斯曼帝国，虽然当时其人均 GDP 不及威尼斯的万分之一，但这却是一个不折不扣的大国。威尼斯与奥斯曼帝国之间的摩擦和斗争，持续了 160 年之久，耗尽了威尼斯的力量，加上西班牙、英国、法国等海洋大国纷纷崛起，在大航海时代，威尼斯渐渐没落，虽然威尼斯港口中的海洋贸易依然在进行，但威尼斯渐渐退出了海洋强国之列，并在 19 世纪后期成为现代意大利的一部分。

繁荣的海洋贸易曾使威尼斯成为亚得里亚海和东地中海霸主，其后也因为失去了海权而逐渐没落。威尼斯这个水上城邦，可以说是历史上一个典型的因海洋而兴盛，也因海洋而衰败的国家。

本书由武鹏程主编，参与资料及图片整理的还有郑亭亭、郑玉洁、刘美霞、田静宇、文英娟、孙洁、尤晓莉、武寅、赵海风、赵兴平、徐东升、晁福洲、刘忠杰、张宏连、宋义、赵义文、张钲名、姜彬鹏、雷璐、肖结石等。

目　录

第 1 章　威尼斯的诞生

第 2 章　威尼斯在艰困中发展

第 3 章 探索海洋

第 4 章 征服亚得里亚海

第 5 章　促成第四次十字军东征的贸易

第 6 章　称霸地中海

第 7 章　威尼斯与黑海贸易

第 8 章　成就海洋帝国

第 9 章　与奥斯曼帝国近 200 年的战争

第 10 章　大航海时代的威尼斯

第 11 章　威尼斯的衰落

第 12 章　成就威尼斯之软实力

威尼斯共和国大事年表

第 1 章 威尼斯的诞生

OCEAN and CIVILIZATION VENICE

476年，西罗马帝国在北意大利的势力崩溃之后，蛮族入侵，为了抵抗伦巴第人、匈人和其他入侵者以及躲避战乱，人们纷纷拖家带口，躲进了潟湖。

威尼斯共和国：以高度发达的商业和独特的城邦制闻名于世

威尼斯地处意大利东北部，在一座小岛上，毗邻亚得里亚海，曾是一个因水而生、因水而美、因水而兴的城邦。它以高度发达的商业和独特的城邦制闻名于世，威尼斯走出了一条让人望而生叹的海洋强国之路。

在愚昧黑暗的中世纪，欧洲人非常向往威尼斯，曾有人说过，只要拥有了威尼斯公民证，就意味着拥有免费领取黄金的资格。这是对当时繁荣的威尼斯共和国最独特的评价。

威尼斯独特的地理位置，使它成为海陆交通要道。

海路上，威尼斯连接着欧洲与东方拜占庭帝国，这是当时最快捷、最便宜的交通方式。而在陆路上，它位于欧洲陆路中枢南部米兰的旁边，外来商品恰好必须通过巴尔干半岛从威尼斯运抵米兰，再运去欧洲的各个地方。

罗马帝国衰败，导致战争不断，意大利东北部的威尼托人，为了躲避战火纷纷迁徙到神指引的地方去避难……

依靠海陆交通便利，威尼斯人的商船穿梭于纵横交错的水道，转运着东西方的商品，赚取了丰厚的利润。

时至今日，威尼斯威严的市政厅和圣马可大教堂上依旧保留着岁月的痕迹，通过依稀可见的巨大瓦砾，仍旧可以窥探当时的豪华剪影。那么，威尼斯人璀璨的海洋文明是怎样开始的呢？

为了逃避战争而迁移到这片潟湖的人是最早的威尼斯居民

匈人是一支生活在东欧、高加索和中亚地区的古代游牧民族，最早出现在2—3世纪的里海沿岸。匈人与匈奴人是否有血缘关系或系同一民族尚无定论，但大多认为二者关联不大。

在威尼斯的历史上，有一个关于最早威尼斯居民的传说。

西罗马帝国末期，国力衰败，民生凋敝，周围的蛮族开始肆无忌惮地蚕食它的疆域，将在这里生活的人们推向了苦难的境地。这些入侵者之中，最凶猛的就是阿提拉率领的匈人，他们沿途打到了阿奎莱亚，不仅焚毁了这座城市，而且还屠城，连女人和孩子也无一幸免。

[罗马帝国时代的阿奎莱亚遗迹]

据罗马人的记载，匈人不具备读写能力，甚至语言系统都不太完善，完全就是一群话都不知道怎么讲清的未开化的野蛮人。

阿提拉的大军在阿奎莱亚屠城的消息，很快传到距离阿奎莱亚不远的意大利东北部的威尼托，威尼托人开始紧张起来，他们开始聚集到教会，请求神的庇佑，希望智慧的神父能给大家指出一条活命的道路。当然，最简单的保命办法就是逃离这个城市，可问题是往哪逃？

威尼托是由几条大河冲积成的平原，背后有远山，前面是大海，无路可走，如果往山上逃，可能还没到目的地，就被匈人追上了；或者顺着海岸线南下……可这正好是入侵者要进攻罗马的必经之路。

神父望着满脸慌张的人们，他无言以对，于是张开双手朝向天空，向天空祈祷，请示神的指示，就在这时一个声音传来："站到高处，看向大海的那边，目之所及，便是新的家园。"

听到指示的人们，爬上最高处的灯塔看向大海的方向，当时正是退潮的时间，海水退却，远处露出零星的沼泽地，除了茂密的芦苇，湿地上哪有人类居住的痕迹？可这是神的旨意，于是，这些恐慌的居民，拖家带口，

[匈牙利布达佩斯英雄广场上的阿提拉雕塑]

阿提拉是匈人帝国最伟大的君主，传说中，他被妻子亲手以刀穿刺而死，437 年，他率领匈人灭亡了勃艮第王国。欧洲人称他为"上帝之鞭"。

带着全副家当，开始向那片土地迁移。

据说此事发生在452年，这些最早逃到这里的威尼托人，加上后来因躲避外面的战争逃到这里的人，构成了最早的威尼斯人。

476年，西罗马帝国灭亡，外族入侵时有发生。所幸的是，这片不太容易生存的地方，也不太容易受到攻击。这并不是因为入侵者不关注这里，而是与那些相对富足的地方相比，进攻这一片潟湖，得到的那点财产，根本挑不起入侵者的兴趣。即使后来进攻意大利的哥特人，也都没来打扰过生活在沼泽地的威尼斯人。这也是生活在这里的人们的一件大幸事。

这样的好日子持续了不到30年，北方的伦巴第人开始进攻这里。早期的威尼斯人，居住在靠近陆地的沼泽地区，伦巴第人打过来之后，威尼斯人发现居住在这里并不安全，于是他们就往沼泽深处迁移。

[匈奴人雕像]

传说匈奴人被中国汉朝打出了东亚后，他们逃往欧洲，把怒火抛向了日耳曼蛮族，他们打败了日耳曼人，并且覆灭了偌大的西罗马帝国。这只是一个传说，实际上中国历史上的匈奴人和本文的匈人并无可靠证据证明有什么关联。

伦巴第人是日耳曼人的一支，起源于斯堪的纳维亚（今瑞典南部）。经过约4个世纪的民族迁徙，568年，伦巴第人越过阿尔卑斯山，侵入意大利北部，并占据了亚平宁半岛（今意大利）的北部，568—774年曾在意大利北部建立伦巴第王国。伦巴第人是组成斯维比人的日耳曼部落之一。

[亚得里亚海]

早期威尼斯人的生存方式：学会了晒盐和造船

学会了晒盐

早期的威尼斯人因为躲避战乱而来到这里，在这个贫瘠的潟湖上要好好的生存并不容易，这里几乎没有土地，为了能够生存下去，威尼斯人首先学会了晒盐。他们开发出大片的盐田，用石臼磨盐，然后再卖给经过潟湖周边的船只。

在别的地方的人，都在用锄头开始自己生活的时候，威尼斯人靠卖盐，同样也可以生活得不错。

学会了造船

威尼斯被贯穿于城市的几条河流穿插包围着，居住在这里的人们无法自由地在潟湖上的岛屿间出行，为了能够更好地生存在这片潟湖上，威尼斯人学会了造船，并且他们的造船能力和做饭一样，是一种生存的手艺，他们家家户户有船，人人都是水手，而且大家都根据自己不同的需求，对船进行了各种各样的升级改造。威尼斯人利用船只在潟湖周边与过往船只，用盐交换生活必需品，渐渐地占据了意大利内河贸易的主要市场。

[堆积的盐堆]

[威尼斯的船]

为了不受外敌的侵扰，威尼斯人来到了潟湖的中央

威尼斯人刚开始集中生活在潟湖所处的马拉莫科，这个地方在地理位置上有着致命的缺陷。马拉莫科面临亚得里亚海，由于距离海边太近，一旦敌人拥有强大的舰队，这里用不了多久就会失守；另外，如果相邻的基奥贾被攻破，蛮族人也可以沿着陆地一路杀来，所以这里不安全。

基奥贾如今是意大利威尼托大区威尼斯省的一个城市。

800 年，威尼斯曾经遭到法兰克王国的攻击，英勇的威尼斯人虽然击败了法兰克人，但法兰克人的攻击也证明原本威尼斯的国家中心马拉莫科在国土安全上有致命的缺陷，因此威尼斯人决定继续往潟湖的中央迁移。在第十任元首安杰洛·帕契帕索的带领下，威尼斯人进行了最后一次全国大迁移，把国家中心迁移到了远离陆地的里亚尔托。

里亚尔托由几个很小的岛屿组成，并且这里只有渔民居住，跟其他岛屿相比，这里位置偏僻，在涨潮时，只有很少一部分陆地露出水面，并且此地还有两个优势：首先，它位于潟湖的中央，距离陆地最远；其次，由于它周围都是沼泽，不直接连接外海，相对比较安全。只要把通往外面的水路建成港口，依靠威尼斯人强大的造船技术，再配合强大的海军，这里不仅能抵御外敌，而且依靠船只，也依然可以开展海上贸易。

在迁移到里亚尔托后，蛮族人始终无法越过湖沼和海洋构成的天然护城河，威尼斯人也就在蛮族劫掠的兵祸动乱中生存了下来。

早期威尼斯是无法种植树木的，所以树木对威尼斯人来说是最宝贵的财产，不管什么时候，他们搬家的时候，第一选择带走的财产就是木头。

里亚尔托是由横跨本岛大运河上最宏伟的桥——里亚尔托桥及两岸的繁华区组成的威尼斯城的贸易中心。早期只是由几个荒芜的岛屿组成。

马拉莫科曾作为拜占庭帝国总督府的所在地。

[老照片中的里亚尔托桥——1816—1880 年]

里亚尔托桥是威尼斯最古老的桥梁之一，因在莎士比亚的《威尼斯商人》中露脸而享尽声名。这也是一座能够开合的木桥，可以通过开合桥面，通行大型船。

第 2 章 威尼斯在艰困中发展

OCEAN and CIVILIZATION VENICE

在贫瘠的潟湖中生存，并不是一件容易的事，威尼斯人建造了 428 座桥将潟湖中的岛屿连接到了一起，利用贡多拉作为出行的交通工具，靠相互帮助扶持，艰难而顽强地在潟湖中生存了下来，并建立了共和制政权。

建立共和制政权

当拜占庭帝国的查士丁尼一世再征服地中海地区时，威尼斯人也兴高采烈地欢呼着祖国的回归，并成为拜占庭帝国的属地。但由于伦巴第人很快入侵意大利北部，使得威尼斯实际上并未受到拜占庭帝国的管辖，基本上是独立自治。

随着时间的推移，从最早为了躲避战乱而来此居住的，到后来因贸易或者其他原因来威尼斯居住生活的人们，这里的人口开始大幅增加，从早先大家围绕一个教堂居住，到后来按教区划分常住人口，因为人口的膨胀，使得威尼斯显得有点混乱，威尼斯人渐渐地意识到，这里需要有一个能够带领大家前进的领导人。

[“真理之口”信箱]
威尼斯的总督府（元首府）遍布着“真理之口”的信箱，人们可以私下举报包括元首在内的任何人的罪过。

根据文献记载，首次参加投票会议的有十二个街区，有十二个代表。第一任元首叫保罗·卢加·阿那法斯托，是一个赫拉克莱区的居民。

[法兰克国王查理曼大帝]

773 年，法兰克国王查理曼大帝征服伦巴第王国，废黜伦巴第末代国王德西迪里，并于 774 年将伦巴第王国并入法兰克王国。

查理曼大帝又称卡尔大帝或查理大帝，是法兰克王朝和加洛林王朝的国王，曾控制大半个欧洲版图，后被教皇利奥三世加冕为“罗马人的皇帝”，后世尊称他为“欧洲之父”。

查理曼大帝死后不久，法兰克王国就出现了分裂。843 年，他的三个孙子各自为王，王国一分为三。东法兰克王国成了后来的德国，西法兰克王国成了后来的法国，东、西部之间的地区则成了后来的意大利。

[扑克牌中的查理曼大帝]

红桃 K 上的法兰克国王查理曼大帝没有胡子，原因是最早在木板上刻他的人物画像时，工人不小心把他上唇的胡子刮掉了，此后，红桃 K 牌都是以这张画为标本，所以红桃 K 是个没有胡子的国王。

679 年，威尼斯人首次以居民投票的方式，选出了元首（又称为总督），从这时候开始，这个体制一直伴随着威尼斯发展、壮大，直至 1797 年威尼斯共和国灭亡。

威尼斯的元首是终身制，元首可以参与任何国家议会，并有权支配工会收入和召开会议、任命法官和各区官员，此外，他还有左右神职官员、召开教区会议的权力。换一个角度看，虽然是叫元首，实际上他就如皇帝，集所有权力于一身。

当选威尼斯第一任元首的是一个富有名声的在地贵族保罗·卢加·阿那法斯托，他同时也是一个与斯拉夫人和伦巴第人有所往来的成功商人，从他开始之后的一段时间，威尼斯的政局还算稳定，可当到了第三任元首法里齐亚佐·乌尔索时期，政府面临危机，因为分配不均导致民众反对专政，乌尔索在动乱中被杀死，威尼斯似乎陷入了困局。为了防止元首专权，威尼斯又选举出军事首领，任期只有一年，但权力并没有削减。可是让威尼斯人没想到的是，这个办法似乎也不见效，原意是居民选举进行民主集权，没想到成了专制的工具。就在威尼斯苦苦寻求解决办法的时候，在 8 世纪，法兰克王国进攻了北意大利，并成功兼并了这里，于是威尼斯便有了自己的元首和法兰克的伦巴第王的双重管理。

威尼斯向许多国家示好，其目的是为了不断扩张海上贸易

威尼斯门前就是亚得里亚海，这里自古就是一条连接中欧到地中海东部的海洋贸易路线。从商业角度上看，威尼斯是海陆贸易的最佳交汇点，地中海上的货物从这里登陆后就可以迅速运输到欧洲内陆。来自东方的胡椒、姜、丁香、甘松等商品，在这里通过各种交通工具运往欧洲各个角落。同时，商人们用骡子将欧洲的羊毛、木材、棉花等商品，从不列颠半岛和北海运到莱茵河，再经过阿尔卑斯山口，到达威尼斯北端转运，然后再运往中东各处。

威尼斯是东西方经济文化交流的桥梁，但又不属于任何一方。威尼斯名义上归属于拜占庭帝国，但仅仅是名义上，因为在贸易、宗教等各个方面，威尼斯都保持着自己的独立性。后来，在发展的过程中，威尼斯的艺术、礼仪和贸易又汲取了许多拜占庭帝国的特点。

在早期和中世纪的欧洲，胡椒几乎跟黄金等值，出门探险或者贸易，除了金币，还可以使用胡椒付账。

[胡椒]

胡椒主要生长在热带地区，在生长过程中需要一段干热天气，印度尼西亚、印度、马来西亚、斯里兰卡以及巴西等是胡椒的主要出口国。

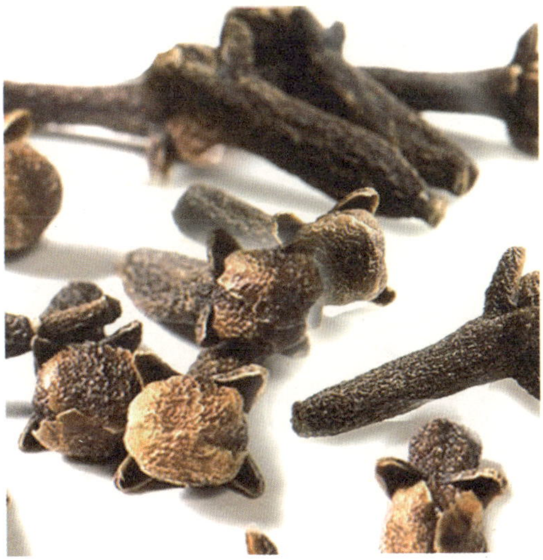

[丁香]

丁香主要产于印度尼西亚、斯里兰卡和巴西。

威尼斯需要在任何可以获取利润的地方公平交易，为此自第六任元首多明尼哥·蒙盖利欧开始，历任元首一直在小心谨慎地扩大势力范围之余，也尽可能与各方势力建立良好的关系，一边与当地的伦巴第王国保持友善关系，另一边又与罗马教皇有着良好的互动。在多明尼哥·蒙盖利欧的任内，他积极地与拜占庭帝国和邻近都市洽谈外交事务，最后成功取得了威尼斯船只在拜占庭帝国与亚得里亚海沿岸的友好城市停靠、补给、装卸货物的许可。

迅速发展的贸易使威尼斯逐渐从单纯的渔村和粮草采购批发地，转型成一个杂货贸易的集散商港，威尼斯商人得以将贸易范围由亚得里亚海扩张到爱琴海。

威尼斯也正是由于这种没有“立场”的行为，最终触怒了基督教的教皇。

[教皇格列高利四世]
格列高利四世，意大利籍教皇(827—844年在位)。他曾参与法兰克国王洛泰尔一世与神圣罗马帝国皇帝虔诚者路易之间的纠纷。

古罗马帝国于395年分裂后形成东西两个罗马，建都于君士坦丁堡的东罗马便是这里所说的拜占庭帝国。

教皇宣布“禁止基督教与伊斯兰教之间的贸易”，威尼斯人却公然挑衅

在欧洲基督教与中东伊斯兰世界进行宗教信仰斗争的时候，精明的威尼斯人却只相信贸易。

法兰克与威尼斯战争的起因

828年，教皇格列高利四世宣布禁止基督教与伊斯兰教之间的贸易，威尼斯人表面上遵守教皇的这项禁令，但实际上还是我行我素，并且还振振有词地辩解：“没有了贸易，我们不知道如何生存”。这令教皇大为恼火，但也无可奈何，因为连占据意大利北端的法兰克人都吃不下这头巨狮。

早在809年，法兰克王子丕平就曾率领法兰克军南下入侵，打算占领威尼斯，但却未能如愿；到了810年，法兰克王子再次卷土重来，依然未有收获，并且因为威尼斯的瘴气，导致丕平王子得了痢疾后病逝，这让法兰

克人不敢再动这个“不幸的地方”。于是，这一番折腾下来，威尼斯不仅有了名气，而且还成了一个元首领导的共和制国家。

庞大的贸易网络

威尼斯人积极地去欧洲各地开展贸易，他们出售来自东方的珍稀货物：俄罗斯的貂皮、叙利亚的紫布、君士坦丁堡的丝绸，将这些东西卖给曾经攻打过自己的法兰克国王的侍从，用来装饰国王看起来颜色灰暗的衣服；他们还出售欧洲的木材和奴隶，虽然这看起来并不太好，但谁让这些商品有利可图呢？

威尼斯依靠自己在亚得里亚海最有利的位置，不断地发展壮大，至1000年左右，威尼斯成了世界贸易的中心。在第一个千年之交的耶稣升天之日，时任威尼斯元首的皮耶托·奥赛罗超越了他之前的所有执政官，成为了威尼斯最伟大的元首，带领威尼斯走入了新时代。

威尼斯第一次真正意义的国家建设，物资匮乏成为其发展的动力

讲到资源，威尼斯好像除了盐和鱼之外，什么都没有，

[威尼斯海图中描绘的威尼斯城区]

[威尼斯道奇宫]

道奇宫是在 9 世纪时花费巨资建立的，代表当时威尼斯共和国的财富与权势。这里曾是威尼斯共和国时期元首(总督) 府所在地。

甚至连建造地基的木材都需要进口，所以威尼斯人更没有自足的概念。通过前面的几个事件可以看出，威尼斯人有着统一的行政能力，而且他们是以教区为团体居住的，常常会以一个教区为单位集体做某项事情。

后来，威尼斯政府为了更好地管理各区，实现中央集权，便将威尼斯划分成了 6 个行政区。这便是威尼斯人的第一次国家建设，这也可以看作是第一阶段，从这开始，威尼斯才真正地可以看成是一个国家。到了 12 世纪，威尼斯又开始了第二阶段的建设，因为商贸活动的开展，整个国家需要有更适合的基础设施。

威尼斯人利用潟湖分隔了威尼斯的城区，又用 180 条运河连接了 150 座以上的岛屿，构成了整个威尼斯，当其他城邦国家用围墙分隔彼此时，威尼斯的城墙就是水。

潟湖与威尼斯国宝：运河

整个威尼斯建造在潟湖之上，而潟湖由两条河注入的河水形成，它既是威尼斯人的生活之水，也有可能变成死亡之水，因为它是淡水，这就意味着它

[鸟瞰威尼斯]

比海水更容易变质。一旦水中的腐烂物大肆蔓延，就不是生态环境差那么简单了，还容易引发瘟疫，一旦那样，在这里生活的人们也将会被死亡所笼罩。

另外，由于利多岛将潟湖与亚得里亚海左右分开，虽然它像堤坝一样阻拦着潟湖，但是每天仍有许多泥沙被冲入外海，威尼斯人一边要保证每时每刻都有活水注入，另外还要防止流沙沉淀而阻挡新鲜活水注入的危险。所以，为了保证潟湖的水是活水，威尼斯人开辟了许多运河。

[《威尼斯大运河》－爱德华·马奈绘]

运河，在人们的印象中是用来跑船的人工河道，比如我国的京杭大运河。但是这个概念在威尼

[威尼斯——1864 年木刻]

斯要被推翻，这里的运河除了可以跑船，它最主要的用途是形成水流，简单来说，这里的运河就是引水的渠道。

看一看当今威尼斯及周边的潟湖分布就可以知道，威尼斯人并没有利用运河将更多的岛屿连接起来，形成更多的陆地。很多人肯定会问：为什么不直接连接岛屿，填海造地，用来居住不是更好？

这个问题的原因有很多，最重要的一点是威尼斯建立在潟湖中央，除了水流，还有海水的潮汐问题。除了要考虑定期潮水的涨退，还要考虑到大风及汇入的河水等不确定因素。如果贸然填海造地，一旦河水流量增加，再加上海水涨潮，这两种力量相加，势必会造成河水泛滥。所以与其和自然抗争，不如顺势而为，将原来的河道挖深，并在两岸加固，在需要水流的地方再挖出新的水道，保持水流通畅。

在保证了潟湖的水流之后，威尼斯人还在威尼斯与外海之间的利多岛上开通了许多运河，保证潟湖的水与外海水流间的正常交替。

这些事情看起来非常简单，但这些对威尼斯来说要比其他国家更加麻烦，每一任威尼斯元首都对这件事相当重视，因为这毕竟是关系到威尼斯人生存的大事。

威尼斯独特的城市交通工具：贡多拉

生活在潟湖上的威尼斯人，人人都是水手，人人都是造船工匠，在多年的摸索研究中，为了适应威尼斯的这种特殊地域，威尼斯人发明了一种小巧轻便、形状固定的船，这种船最大的也只可乘六人左右，其构造简单，船体除了座位几乎没有多余的装饰。据说在7世纪时，第一任威尼斯元首将这种船命名为贡多拉，贡多拉将威尼斯各个小岛联系了起来，使得每个教区之间的接触和活动都变得频繁了。

威尼斯人把贡多拉这种交通工具当作是现代人的小汽车一样使用。早期的威尼斯人会用各种颜料以及装饰品来装点贡多拉，以此炫耀门第、互相攀比。后来威尼斯政府考虑到安全以及各种社会原因，在1562年，威尼斯元老院颁布禁令：不准在尖舟上施以任何炫耀门第的装饰，已经安装的必须拆除，所有的贡多拉都漆成了黑色。唯一留下来供装饰用的只有船头的嵌板。

[贡多拉]

威尼斯是世界上为数不多的几个没有汽车的城市之一，这里的城市交通大部分都是依靠贡多拉来完成，贡多拉就相当于人们熟知的公交车或计程车。

如今人们只要提到威尼斯，就会想到穿梭在威尼斯大小河道中的贡多拉，它是威尼斯人的汽车，直到今日，威尼斯依旧保留着古老的贡多拉的制造传统。

[早期贡多拉]

从早期绘画中可以发现，早期的贡多拉比较扁平，船尾和船头也不像如今的贡多拉那么高。

[威尼斯早期木桥]

[威尼斯四通八达的桥]

桥：428 座大小不同的桥，把威尼斯织成一张四通八达的网

随着威尼斯人口的增长，整个城市开始以教区为单位分开管理。最初，教区内的运河上建造了许多简易的桥，这些桥仅限在同一个教区，如果要去别的教区，仍然需要用船才行。当这些教区被编入 6 个行政区后，威尼斯人就开始在教区之间用桥连接。

早期威尼斯的桥是用木头建造的，大多是一种水平的桥，在能够方便走路的同时也不影响桥下的航运。到了 13 世纪，威尼斯才开始将木桥改为拱形石桥（除了里亚尔托桥）。

威尼斯的运河之上竖立着大大小小 428 座桥，这些桥就像迷宫一样分布在威尼斯各处。这里的桥大小不同，样式各异，连同窄巷一起把威尼斯织成一张四通八达的网。如果初次来到威尼斯，人们往往是这边进去，那边出来，正所谓条条道路通罗马，几天下来，回住处的路几乎没有一次相同。

[邮票上的里亚尔托桥]

建造房屋：在威尼斯建房是一项非常巨大的工程

威尼斯和其他城市最大的区别，就是这里的水上房屋。

威尼斯人从决定在潟湖里定居开始，就需要攻克建筑地基这个大难题。当时别的国家人民想要建造房屋，只要挑选一个自己喜欢的地方，获得政府允许就可以了。可是在威尼斯，建房是一项非常巨大的工程，因为他们需要在沼泽里建造地基，那可不是一个家庭能够独立完成的工程。

在9世纪时，威尼斯人还没有扎实的地基建造方法，他们的方法还比较原始，使用的仍然是木桩为主。一般建筑地基的方式如下：

首先需要准备大批的木桩。他们会尽可能挑选坚硬的木材，制作成2～5米长的四方形或圆形的木桩，将木头的一端削成如钉子般的尖头，然后将这端打进沼泽中。将所有的木桩都这样打进沼泽中后，再填入耐腐蚀的石头，一层层地垒上，然后再往石头缝隙中灌入泥土等固定。地基建造好之后，才可以像在陆地上那样盖房。直到进入15世纪以后，为了防止火灾，威尼斯人才开始废弃木材改用石材建造房屋。在如今威尼斯运河沿岸，仍然可以见到使用这种古老方法打造的地基而建的房屋。

可见，威尼斯与其他国家不同。威尼斯的城市基础是由威尼斯所有人共同参与建设的，因为在我们眼中普通的工程，在威尼斯人那里都变得无比艰难。威尼斯整个国家的基础建设不断完善的过程，也是威尼斯不断发展的过程。

威尼斯这座城市下面究竟打了多少根大木桩？这无疑是个天文数字。仅圣母大教堂下面就打了115万根木桩。当年为了建造威尼斯，意大利北部的森林几乎全被砍完了。

这些插入水下的木桩不会腐烂，因为隔绝了空气。据考古学者称，马可·波罗的故居挖出的木桩坚硬如铁，出水后见了空气才开始腐朽。

[威尼斯圣母大教堂]

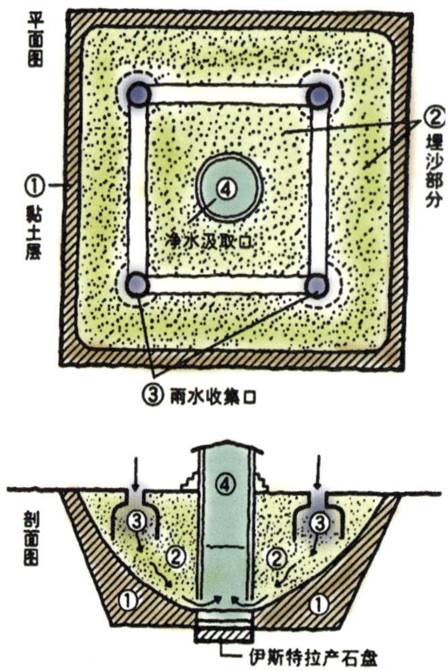

[威尼斯水井原理图]

[青铜蓄水井]

青铜蓄水井是威尼斯水质最好的水井，位于威尼斯总督府内广场，共有两口。

建造水井：收集天然雨水作为饮用水

饮水问题在其他国家来说都不能算问题，然而建造在水上的城市威尼斯却非常缺水，因为威尼斯到处都是海水，即使是通过运河输送的淡水，经过潟湖后，大部分也成了无法饮用的水，再加上当时还不具备将海水净化到可以食用的技术，所以饮水成了威尼斯的一个大问题。

为了解决饮水问题，威尼斯人以教区为中心，开始挖掘水井。每一个教区的广场或者是空地，中间一定会有一口水井。说是水井，其实更准确的应该叫蓄水池，叫作蓄水池但是它又是深入地下。

[威尼斯人挖井过程——18 世纪绘画]

众所周知，水井是要下探进地层的，这样才能将地下水取出来，那么威尼斯有地下水吗？回答是有的，但是如果开采地下水，就会动地基，然而地基的建造过程何其辛苦，即使为了饮用水，威尼斯人也绝对不会动，所以他们用开采盐田的技术，建造了一种可以收集饮用水的水井。

威尼斯人会在空地上挖出一个正方形的深坑，然后用黏土将水池做成半圆形的底，在中央制造一个专门的井洞，通过黏土隔开向下渗的海水，再向里注入大量的沙子，然后在正方形的四角开洞，通过这个洞收集雨水，经过沙层过滤后，沿着半圆形的池底汇集到水池的中央。最后在水池底部正中心的位置安装一块大的伊斯特拉石盘，过滤后的水储存在石盘上，这样通过中间的井口，就可以汲取里面的淡水。

这里的水井可以供给附近居民足够的饮用水，但是日常生活中，人们除了要喝水之外，还有洗涤和其他各种需要，所以威尼斯基本上家家户户都会有一个取水的管子，也会自己聚集雨水。

下水道也不能马虎：相比较饮水的工程，下水道就简单多了，直接将废水排入大海就可以了，况且还是活水，基本上不会有大的问题，不过，威尼斯对下水道也是有规定的。在威尼斯共和国千年的历史中，政府曾多次颁布命令，规定下水道排放口的高度，不得低于涨潮时的水线，否则涨潮时下水道内的废水会倒流回屋内，那可不是人们希望出现的情况。

[威尼斯水井]

第3章 探索海洋

“威尼斯人不知道农业为何物，他们只有航海家、手工业者和商人”。在威尼斯，贵族和平民之间并没有严格意义上的界限，威尼斯人相互之间的区别实际上只是富裕商人和贫困商人。威尼斯人没有太多宗教信仰，他们要做的就是让自己富裕起来。

威尼斯人的选择：经商并四处派使者为威尼斯寻求更多的贸易资源

靠海洋致富无非有两种途径，一种是海洋贸易；另一种是海盗。威尼斯人选择了前一种。时间来到992年5月，此时的威尼斯元首为皮耶托·奥赛罗，又称奥赛罗二世，他明白威尼斯的生存和发展，要依靠潟湖以外更广阔的水域，在他上任后的第二年，就和君士坦丁堡的拜占庭帝国签订了对威尼斯十分有利的贸易协定：

威尼斯依然是拜占庭帝国的附属国，并保持着自己完全的独立性，而且依旧在拜占庭帝国内享有

威尼斯历史上最年轻的元首：皮耶托·奥赛罗，又称奥赛罗二世，他的父亲是皮耶托·奥赛罗一世，也曾担任威尼斯元首。在奥赛罗二世17岁的时候，其父亲奥赛罗一世隐退，放弃了元首大位。13年后，奥赛罗二世当选，时值30岁的他成为威尼斯史无前例的一位年轻元首。奥赛罗二世接棒时是991年，他承接了一个动荡的威尼斯。

通商的自由。但是最大的区别在于，自此以后，威尼斯商船停靠拜占庭帝国的君士坦丁堡港时，只需要交纳 2 苏尔多金币，离港时交纳 15 苏尔多金币，合计 17 苏尔多金币。在此之前，威尼斯与其他国家一样，需要交纳 30 多苏尔多金币，新的贸易协定签订后，就意味着，每一艘威尼斯商船自此以后都会少交接近一半的税金。

作为交换，威尼斯需要为拜占庭帝国提供海军、后勤补给和军饷，同时协助拜占庭帝国保卫其西面的领土安全。

同时拜占庭帝国还给予威尼斯征讨达尔马提亚地区的特权。

此时的拜占庭帝国皇帝巴西尔二世正在东欧地区四处征讨、开疆拓土，与保加利亚人陷入激战，因此急需威尼斯提供后勤补给和军费上的支持，所以他才开出了对威尼斯人如此优厚的条件。

这个贸易协定虽然给威尼斯添加了一项新的工作，但却是威尼斯人非常想要的结果。因为他们想要驱逐海盗，获得亚得里亚海的制海权，这是必须要走的道路。换言之，即使拜占庭帝国不提出这些要求，威尼斯也要解决这些问题，而现在，拜占庭帝国给了威尼斯一个海洋警察的身份，这就师出有名了。

[亚得里亚海众多岛屿]

内部势力的角逐：俗话说内部才是瓦解敌人的关键，不管是拜占庭帝国，还是神圣罗马帝国，都开始积极地在威尼斯国内培植自己的支持者，于是形成了威尼斯内部的两个派系，加上外面势力的煽风点火，内部的斗争愈发激烈。两股势力势如水火，不但经常发生流血事件，甚至有元首因此被刺杀或是被流放，而奥赛罗二世的父亲正是为了躲避斗争，才隐居修道院的。

巴西尔二世是拜占庭马其顿王朝第 11 位皇帝，在位时间长达 62 年。他在位期间，拜占庭帝国达到了第二次黄金时期，于 1018 年灭亡了盛极一时的保加利亚第一王国。由于他在对保加利亚战争中残忍地对待保加利亚人，所以也有“保加利亚屠夫”的称号。
奥赛罗二世就是和巴西尔二世签订了贸易协定。

[《奥托三世加冕接受四方朝贡图》]
奥托三世手持内刻十字架的透明球体，象征着他统治世界的无上权威。

可是这还不够，威尼斯元首皮耶托·奥赛罗还派了许多使者，走访地中海的各个沿途港口，与伊斯兰世界也签订了类似的协定。不仅如此，奥赛罗二世还让自己的儿子改名为奥托涅，并奉神圣罗马帝国皇帝奥托三世为教父。这个马屁拍得奥托三世相当舒服，于是也为威尼斯大开贸易特权。

威尼斯的这些行为令基督徒憎恶，但威尼斯并不畏惧这些，威尼斯人只关心自己的贸易，他们把未来发展的希望寄托在亚历山大港、叙利亚、君士坦丁堡以及北非沿岸。因为那里有更高的文明和更发达的社会，能够提供香料、丝绸、棉花和玻璃，威尼斯人能够凭借优良的航运条件，将这些奢侈品转运到意大利北部以及中欧交易，这才是威尼斯真正所需要的。

斯拉夫海盗对威尼斯形成了巨大的威胁

在罗马帝国时期，斯拉夫人、日耳曼人、凯尔特人被罗马人并称为欧洲的三大蛮族，它们也是现今欧洲的代表民族。

威尼斯国内一派欣欣向荣，国外贸易形势一片大好，但是活跃在亚得里亚海上的海盗们对威尼斯的海洋贸易形成了巨大的威胁。这些海盗中最具实力的就是由斯拉夫人组成的海盗团伙，他们一直是威尼斯的心腹之患。于是，威尼斯人准备要收拾这些斯拉夫海盗了。

威尼斯湾的“好地势”

威尼斯想要出海贸易，就必须穿越亚得里亚海，然后沿海岸驶向东方。亚得里亚海是唯一的一条安全路线，因为如果不走这里，转而走地中海，那里时常不定的信风，

[斯拉夫海盗]

更增加了船队的危险系数。而亚得里亚海沿岸，尤其是东岸众多的岛屿，能够有效地躲避危险，天气不利之时，躲在峡湾里，风暴过去再走都可以。但是这样的“好地势”对水手们有利，对海盗们同样也有好处，加上这里是繁忙的贸易门户，有大批的油水可捞，于是这里吸引了众多的斯拉夫海盗。

[威尼斯元首奥赛罗二世]

与海盗斗争频频失利

威尼斯与海盗的斗争持续了150多年，从开始出海贸易，威尼斯商人就不断地受到海盗的侵袭，而且在这场斗争中，威尼斯并没有多少胜利和荣耀可言。为了打击海盗，曾有一位威尼斯的军事首领在战争中丧生，之后为了顺利进行贸易，威尼斯人只能向海盗们支付大笔的“买路钱”，虽有不甘，但又能怎么办呢？

亚得里亚海是地中海的一个大海湾。在意大利和巴尔干半岛之间，通过南端的奥特朗托海与爱奥尼亚海相通。

软硬兼施的新政策

奥赛罗二世上位之后，他不满海盗的威胁，停止向海盗们上贡，并决定要想办法解决他们，否则威尼斯只能被海盗锁死在亚得里亚海。

奥赛罗二世在内外、软硬等方面都做了长远的打算。首先，在内外环境上，他联合了亚得里亚海沿岸各拜占庭帝国系统的殖民城邦与蛮族城邦的代表，宣布组成打击海盗的联盟；然后在国内组建一支庞大的舰队；另外，为了确保商船的一路安全，准备在亚得里亚海沿岸建立如同高速路上服务区一样的停泊港，威尼斯人称之为基地。

这是一项坚定而长远的打击海盗的政策，就最后一项建立基地来说，一旦这些基地将整个航道连接并打通，就犹如建立了一条输送带，可以为威尼斯源源不断地输送财富。

[亚得里亚海沿岸城市科尔丘拉]

奥赛罗二世不仅是一位英明的威尼斯元首，在打击海盗时，他还曾亲自带兵作战，更担得起勇士之名。

威尼斯击垮了海盗的同时教训了不听话的城市

998 年 5 月，奥赛罗二世率领着一支庞大的舰队，沿着亚得里亚海海岸航行。这次出行的目的有两个，一是打击沿途的海盗；二是参加由亚得里亚海东岸 20 多个城市的代表组成的联盟，顺道收拾那些不愿意听话的城市。

以威尼斯为尊

威尼斯通过与拜占庭帝国的贸易协定，有了拜占庭帝国给予的海洋特权，亚得里亚海沿岸的城邦，为了获得威尼斯的庇护，纷纷向威尼斯 37 岁的元首奥赛罗二世宣誓，效忠威尼斯。可这些沿海城市中的莱西纳和科尔丘拉并未宣誓。随后，奥赛罗二世率领着浩浩荡荡的舰队，对这两个城邦发起了攻击，一番战斗之后，这两个城邦也投降并宣誓效忠威尼斯。

打击海盗

奥赛罗二世在收拾了那些不听话的城邦之后，便开始在海上围剿海盗。海盗们哪里见过如此阵仗的军队，奥赛罗二世的联盟军所到之处，海盗们纷纷溃败，逃回大本营。

海盗大本营建立在莱西纳、乌尔齐尼、库尔佐拉和拉戈斯塔构成的天然峡湾内，是一座固若金汤的城堡，这里是威尼斯舰队无法进入的沼泽丛生的纳伦塔河三角洲。

为了彻底剿灭海盗，奥赛罗二世派人埋伏在峡湾之内，伏击了一艘海盗王国的贵族们所乘的船只，迫使那些海盗投降，发誓不再向威尼斯商船索要黄金，并保证不再骚扰威尼斯的船只，于是，让威尼斯人头疼了上百年之久的海盗之患便被解决了。

乌尔齐尼是亚得里亚海沿岸一个很不起眼的地方，曾因作为亚得里亚海海盗的大本营而闻名。在当时这里聚集着来自各地的海盗。

[乌尔齐尼——亚得里亚海海盗大本营之一]

旧镇全部围以城墙。1529 年发生瘟疫，使该镇荒芜，居民死散一空。旧镇几乎完美无损地保留了 16 世纪威尼斯城镇的风貌。马可 · 波罗诞生于此。

中世纪时，匈牙利国王拉迪斯拉夫一世以 10 万弗罗林（威尼斯金币）的价格将达尔马提亚卖给了威尼斯（不包括杜布罗夫尼克），这里是威尼斯共和国称霸亚得里亚海，掌控海上霸权的重要基地。从 19 世纪初到 1918 年，这里又成为奥匈帝国直辖的一个王国——达尔马提亚王国。现在是克罗地亚的一个行省。

之后，与海盗暧昧的几个城邦也被威尼斯人逐个击破。威尼斯人打败了海盗，使亚得里亚海沿岸的人们不用再为海盗的袭击担惊受怕，对此，拜占庭帝国皇帝也非常满意，为了犒赏奥赛罗二世，便赐予他“达尔马提亚公爵”的封号，以后，历任威尼斯元首都兼有了这个封号。

海上高速公路：一条通往世界的海洋贸易之路

海上高速公路是什么概念？我们可以从现代陆路的高速公路说起。

陆路的高速公路，每隔一段距离就会有一个服务区，服务区有热水、食物以及加油站，大一点的服务区还会有专业的小型修理厂，以方便过往车辆。有了它，人们在出行前，不必再带上大量的食物；汽车遇到故障，也能得到最快的处理。

威尼斯的海上高速公路也有这样的功能。只要航行中的船只不偏离航道，如果它们在中途出现故障，只要发出相应的求救信号，就能够得到救援。另外，除了急救还有预警的功能。就像如今的高速公路上，若天气变化或其他原因，会在路上有提示信息，而威尼斯的海上高速公路，则会向过往船只提供前往目的地的政局情况，是否需要加强武装等提示。这样的信息来自于威尼斯驻守在各友邦的领事们。

[古罗马大道]

这样完善而又人性化的服务，想要实现绝对不是简单的事情。历史上能够与之相匹敌的建设事业，只有古罗马建立的罗马大道。两者的相同点都是以获取利益为目的，不同的是，罗马大道多数都建设在未开化的地区，为了降低难度，会在一天马车的行程之内的距离，建设住宿及其他服务设施。而威尼斯的海上高速公路，则是在已有城邦的基础上，整合原有的设施就可以了，不需

[威尼斯帆船石刻]

要从零开始建设。事实上，如果威尼斯只在亚得里亚海从事卖鱼和卖盐的贸易，是不需要如此劳师动众的，但是若想走出去，开始以地中海为起点的航海贸易，那么就必须保证家门口的航线安全，并且要守得固若金汤，否则，一旦发生意外，那么亚得里亚海会让威尼斯“后院失火”。

在古罗马国力鼎盛时期，有超过 29 条大型军事公路由罗马向外扩散，接上罗马帝国内 113 个省份 372 条大道，总长超过 40 万千米，其中 8.05 万千米的道路铺石。这些罗马大道为罗马军队、官员及平民出行带来便捷的交通条件，更促进了陆上通信及贸易。

文明之眼

大海新娘

罗马不是一天建成的，威尼斯的海上高速公路建设也绝非一朝一夕的事，要想顺利地推行政策以及获得民众的拥护，就必须积极唤醒威尼斯人对大海的热情。为此，威尼斯特意制定了一个节日：海亲节。这一天也是奥赛罗二世的出生之日，每年 5 月的一天（在复活节后 40 天），即耶稣升天日。以后每年的这一天，威尼斯元首都会率领政府的官员，登上奢华的御用黄金船，在大批船只的簇拥之下驶向利多岛。在利多教堂参加完仪式之后，元首再次登上黄金船回到海上，对大海高喊：“大海啊，我要与你结婚，要你永远属于我！”再将戒指扔进大海中，举行与大海结婚的仪式后便正式结束。

威尼斯人认为大海是女性，如果要安全地完成每次海洋贸易就必须征服她，这点让作为东方人的我们觉得匪夷所思，但不得不客观地说，这一做法确实让威尼斯人的航海热情大涨。

[威尼斯元首御用的“布奇托罗”（Bucintoro）号座船——1890 年木刻版画]

[威尼斯利多国际电影节徽标]

巩俐曾凭借在《秋菊打官司》中扮演的角色获得第 49 届威尼斯电影节最佳女演员奖，《秋菊打官司》同时获得金狮奖。华人导演李安执导的影片《色戒》也曾获得第 64 届威尼斯电影节金狮奖。

自奥赛罗二世执政起，在此后长达 800 年的岁月里，海上高速公路建设成为威尼斯的基本国策，也成为威尼斯人赖以生存的根本。

威尼斯为了获得更加自由的贸易空间，促成了神圣罗马帝国与罗马教皇的和平协议

威尼斯人的海上高速公路，为他们带去了安全、可靠以及便捷的航运，而期间维护、保养和运营的人力及物力想必不会少，但是威尼斯人却甘之如饴。随着时局的动荡，地理位置和文化特色，势必让威尼斯人在夹缝中的生存变得艰难，想要自由与独立，只能依靠强有力的经济后盾。恰恰是这种超前的认知，让威尼斯躲过了席卷中世纪欧洲的罗马教皇与神圣罗马帝国世俗皇帝之间的战争。

夹缝中的威尼斯

威尼斯处于威尼斯湾里，它在地理位置更接近西欧，但是政治上却是拜占庭帝国的附属国。因此，无论是神圣罗马帝国（灭掉西罗马帝国的日耳曼人建立的国家）或者是拜占庭帝国（东罗马帝国），都不能完全占据威尼斯。

虽然威尼斯在地理上得天独厚，但是因教理的不同，使它无法完全置身权力斗争之外。那些所谓的皇帝党和教皇党，都在尽可能地争取威尼斯这方势力。由于纷争不断发生在国与国之间，甚至是某个国家的内部，因此战火愈演愈烈，整个意大利几乎只剩下威尼斯没有被卷进这场斗争，不仅如此，凭借其强大的经济保障，还让威尼斯举国在动荡的局势中，平静而惬意。

威尼斯国际电影节是世界上第一个国际电影节，号称“国际电影节之父”。1932 年 8 月 6 日在意大利的名城威尼斯创办，主要目的在于提高电影艺术水平。威尼斯国际电影节于每年 8—9 月间在威尼斯利多岛举办，它与法国的戛纳国际电影节及德国的柏林国际电影节并称为世界三大国际电影节，最高奖项是金狮奖。

和平等于贸易

身处这种环境中的威尼斯无法独善其身，但是它却另有打算。

1177 年，威尼斯同时邀请了神圣罗马帝国皇帝“红胡子”腓特烈一世和罗马教皇亚历山大三世来到威尼斯城，把互称为敌人的两人，请到一个餐桌上来，这的确有点难，但是威尼斯手里有强大的海军，所以，在双方都不想得罪威尼斯的情况之下，时任威尼斯元首的塞巴斯蒂安·齐亚尼几经斡旋，促成双方签署了和平协定，即《威尼斯和约》。

虽然世仇绝不可能被这一纸协议给化解，但是起码让神圣罗马帝国和教皇明白了威尼斯的立场。不仅如此，威尼斯还获得了直接的好处，那就是威尼斯商人在双方的辖区内进行贸易时，丝毫不会受到侵犯。

没错，威尼斯就是神圣罗马帝国和罗马教皇之间的和平使者，因为只有更好的政治局面，才会有更自由的贸易空间，说到底，这对威尼斯的海上贸易还是有好处的。

[教皇亚历山大三世]

❖ 1163 年，教皇亚历山大三世发布通谕，禁止神职人员研究化学和自然规律。同年与法兰西路易七世共同为巴黎圣母院奠基。亚历山大三世还批准给法国圣殿骑士团首领和教廷管辖的骑士团许多特权，允许他们拥有能抢掠到的一切财富。

❖ 欧洲复杂的局势：拜占庭帝国和神圣罗马帝国持续对峙，双方都自诩为古罗马帝国的继承者，凡事必争，互不相容。对于威尼斯而言，在政治上是拜占庭帝国的附属国，而在地理上更接近神圣罗马帝国，这使得威尼斯的地位非常微妙。加上注重贸易的威尼斯的国家实力不弱，所以就成了双方争相拉拢的对象。

❖ [“红胡子”腓特烈一世]

❖ 腓特烈一世的绰号为“红胡子”，因为他有一脸鲜红色的胡子。他是欧洲中世纪神圣罗马帝国的皇帝，也是德意志历史上著名的军事家、政治家。
1174 年，腓特烈一世对意大利采取了第五次军事行动，并于 1176 年在莱尼亚诺战役中战败，为《威尼斯和约》的签订铺平了道路。

成形的三角贸易，威尼斯聚集了西欧几乎全部的商人

早期威尼斯的海上贸易路线是：从威尼斯到中东阿拉伯地区，再到君士坦丁堡，最后返回威尼斯这样的三角贸易路线。

[圣马可大教堂祭坛的背后镶满了璀璨宝石的黄金屏风]
这块黄金屏风上面共有 2000 多颗宝石，包括珍珠、祖母绿和紫水晶。

威尼斯商船会装满木材和奴隶向东出发，卖给阿拉伯商人之后，再拿着钱驶向君士坦丁堡，在那里将钱换成西欧人喜欢的香料、布料、金银手工艺品和宝石等奢侈品，再返回威尼斯。威尼斯人从君士坦丁堡带回的奢侈品还未从商船上卸货，就被等候多时的欧洲商人们抢购一空。

当时威尼斯聚集了西欧几乎全部的商人，用门庭若市来形容绝对不是夸张。之所以如此热闹，那是因为西欧人对奢侈品的喜爱。尤其是东方的手工艺品，因为当时西欧没有这样高超的工艺，就连威尼斯圣马可大教堂祭坛的背后，那块镶满了璀璨宝石的黄金屏风，据说都是在奥赛罗一世时向东方的君士坦丁堡定制的，时间大约在 10 世纪末期。

最早被威尼斯商人作为奴隶贩卖的是异教徒

在威尼斯以河川贸易为中心的时代，威尼斯商人贩卖的商品主要以鱼和海盐为主。10 世纪后，威尼斯进入海洋贸易时代，他们贩卖的商品就成了木材和奴隶。

奴隶从何而来

最早被威尼斯商人作为奴隶贩卖的是异教徒。

西欧的基督教禁止将基督徒作为奴隶买卖，但并没有废止奴隶制，那些所谓的异教徒和不信耶稣的人，是可以作为奴隶进行交易的。同时天主教也是如此，并且认为“肉体上的束缚有助于精神上的救赎”，所以他们对于异教徒也是抱以相同的态度。比如东正教教徒，就是可以被作为奴隶买卖的。

[盎格鲁－撒克逊人使用的头盔]

不过当地的异教徒人口数量毕竟有限，而奴隶主对奴隶的需求很大。在 6 世纪前，奴隶主要是盎格鲁－撒克逊人；9—10 世纪时，则是东欧的斯拉夫人。随着基督教的普及，奴隶的来源逐渐减少；11 世纪之后，为了寻找奴隶，威尼斯商人不得不远走黑海，把目标锁定在那些尚未开化的地区。

让人啼笑皆非的奴隶贩卖

在我们的印象里，奴隶好像就是被卖去打杂、干活，事实上，奴隶的用处远不止这些。

盎格鲁－撒克逊人是日耳曼人的一个分支，他们一直是罗马人的宿敌，被罗马人称为野蛮人，所以常常被罗马人贩卖为奴隶，随着罗马帝国的没落，盎格鲁－撒克逊人被贩卖的奴隶越来越少。于是奴隶贩卖者渐渐把眼光转向了斯拉夫人和异教徒。

[交战中的战士]

最早时，一些颇有姿色的欧洲女性奴隶会被买去充实阿拉伯苏丹的后宫，而男性奴隶则更多地被卖给军队。

威尼斯商人则会把异教徒卖给穆斯林的军队补充军力，这对基督教来说是资敌的行为，于是罗马教皇以及神圣罗马帝国的皇帝曾多次下令，禁止将奴隶卖给异教徒。可是虽然多次明令禁止，但威尼斯商人的眼中只有利益，依旧我行我素，根本不考虑教皇和神圣罗马皇帝的禁令，可见罗马的约束力此时对威尼斯来说已经大打折扣了。

[拜占庭式大圆顶建筑]

建造雄伟的圣马可大教堂

在整个意大利地区，最出名的教堂就是坐落于威尼斯圣马可广场上的圣马可大教堂，它不仅有着许多世界第一的称号，比如“世界最著名的教堂之一”“世界最美的教堂之一”“融拜占庭式、哥特式、文艺复兴式各种流派于一体的建筑杰作”“不仅仅是一座教堂，更是一座艺术品的宝库”等，而且也是一座拥有最多黑历史的教堂。

拜占庭式是指4—15世纪在以君士坦丁堡（即古希腊城市拜占庭）为中心的拜占庭帝国兴起和流行的建筑风格。其主要特点为鲜明突出的大圆顶，属于欧式建筑。

更换保护神

其实在圣马可的遗骸运到威尼斯之前，威尼斯人有自己崇拜的神，他就是圣狄奥多，这是一位海神，至今在许多威尼斯的早期建筑中都有他的雕像。但是与圣马可相比，那简直不值一提。于是，在圣马可的遗骸到位后，威尼斯参议院立马通过了推举圣马可为城市新守护神的提案，并快马加鞭地修建起内设陵墓

[哥特式建筑]

[圣马可广场上的守护神圣狄奥多]

[圣马可广场上的"飞狮"]

哥特式建筑于 11 世纪起源于法国，常被使用在欧洲主教座堂、修道院、教堂、城堡、宫殿、会堂以及部分私人住宅中，整体风格为高耸削瘦，其基本单元是在一个正方形或矩形平面四角的柱子上做双圆心骨架尖券，四边和对角线上各一道，屋面石板架在券上，形成拱顶。

圣马可广场一侧是威尼斯最早的守护神圣狄奥多，另一侧则是威尼斯的代表"飞狮"。

的教堂，用来保护和纪念这位圣徒遗骸，至于教堂的名字，当然要以圣马可命名，这就是圣马可大教堂最初的样子。

何时开始建造的

圣马可大教堂是 828 年开始建造的，为什么这么准确？因为正是这一年，圣马可的遗骸被运到了威尼斯。

4 年之后，简陋的圣马可大教堂被翻新重建，升级版的圣马可大教堂坚持了 100 多年，在 976 年的一场叛乱中被焚毁，如今竖立在威尼斯的是圣马可大教堂的终极版，于 1063 年建成，1094 年装饰完工。

为何造型怪异

即使是以教堂出名的意大利，也没有其他像圣马可大教堂这样造型怪异的教堂。为何说它怪异？因为该教堂是与伊斯坦布尔（旧名君士坦丁堡）的圣索菲亚大教堂齐名的拜占庭风格的建筑。

[文艺复兴式建筑]

众所周知，伊斯坦布尔是伊斯兰教的圣地，它的教堂理所当然的是拜占庭帝国的风格的延续，但是，身处基督教一隅的威尼斯却将拜占庭艺术堂而皇之地应用在圣马可大教堂之上，这在基督教的世界，简直是“过分”的事情，但是由于威尼斯强大的经济后盾，教皇即使看不顺眼，那又能怎么办呢？

人无百日好，花无百日红。到了15世纪之后，威尼斯开始由盛转衰，不仅被奥斯曼帝国持续践踏，而且随着葡萄牙和西班牙等国的迅速崛起，腰杆不硬了，精明务实的威尼斯人就只能开始抱欧洲人的大腿了。

于是威尼斯人在圣马可大教堂上掺入了大量哥特式的装饰，如尖拱门和雕像等，到了17世纪，又加入了一些文艺复兴式的装饰，终于变成现在这副“四不像”的教堂了。

但是，无论如何改变，这些小的装饰并不能掩盖圣马可大教堂的魅力，反而令它多了些迷人的点睛之笔。圣马可大教堂

文艺复兴式建筑是15—19世纪流行于欧洲的建筑风格，起源于意大利的佛罗伦萨。在造型上排斥象征神权至上的哥特式建筑风格，提倡复兴古罗马时期的建筑形式，特别是古典柱式比例、半圆形拱券、以穹窿为中心的建筑形体等。

圣索菲亚大教堂是拜占庭时期建成的东正教的中心教堂，相当的宏伟和壮丽，充分体现出了卓越的建筑艺术，绝对是建筑界的典范。后来奥斯曼帝国灭掉拜占庭帝国，伊斯兰教在对异教进行清洗的时候，没有忍心毁掉这个异教的标志——圣索菲亚大教堂，而是将其改造成了清真寺。

[圣索菲亚大教堂]

[四匹青铜骏马雕像中的两匹]

圣马可大教堂中央拱门上方矗立的四匹青铜骏马雕像，是从君士坦丁堡抢来的，抢来之后改了个名字，叫“圣马可之马”，之后被拿破仑抢走，最后又被威尼斯人抢了回来。如今教堂上面放的是复制品，真迹在教堂博物馆里。

古老的拜占庭血统，再繁复精致的后期修饰也无法遮掩。

内部装饰极尽奢华：圣马可大教堂的黑历史

圣马可大教堂内最初只有圣马可的遗骸，怎么会变得如此奢华呢?

其实里面的大部分珍宝都是抢来的。13 世纪初，随着威尼斯加入十字军东征，威尼斯不但洗劫了信奉天主教的扎拉港，还洗劫了以繁华著称的拜占庭帝国首都君士坦丁堡，这些行为不但帮助威尼斯开疆扩土，而且还掠夺了无数珍宝。

比如，在圣马可大教堂中央拱门上方矗立的四匹青铜骏马雕像，还有整座教堂由超过 4000 平方米的马赛克镶嵌画完全覆盖，里面夹杂着的各种金、铜和各种宝石；教堂最深处的黄金祭坛，包括其间装饰着的超过 2500 颗钻石、红绿宝石、珍珠、黄玉、祖母绿和紫水晶等珍宝，这些大多都是抢来的。

恢弘壮观的圣马可大教堂，不仅记录着威尼斯昔日的繁荣，也在诉说着无穷的故事。

根据《启示录》中记载，四部《福音书》的作者都有各自的代表物，分别是：
圣马太——代表诞生的人类；
圣路加——代表牺牲的公牛；
圣马可——代表复活的狮子；
圣约翰——代表升天的老鹰。

[圣马可大教堂内的马赛克镶嵌画]

[圣马可大教堂内镀金的马赛克顶盖]

文明之眼

威尼斯的保护神：圣马可崇拜

如今，人们去到威尼斯城，听得最多的就是“圣马可广场”“圣马可大教堂”，为什么要用圣马可命名？圣马可又是谁？

圣马可是基督教中的故事人物，“圣马可”是他的罗马名，其犹太名为约翰。

圣马可是威尼斯的保护神，威尼斯人崇拜圣马可，无论是出海、开工或是其他重大事务，他们都会做祈祷，祈求圣马可的护佑。

据说在828年，威尼斯商人到埃及的亚历山大港进行贸易，恰逢一座教堂要被拆除，拆除它的是东方的阿拉伯人。

我们知道，亚历山大城是基督教先传之地，而阿拉伯又是东方伊斯兰教的中心，

[10 世纪时期，采用了镀金和珐琅工艺的圣马可肖像]

这是两种信仰的碰撞，于是便发生了许多的争斗。

教堂也成为争斗的“池鱼”，惨遭厄运。阿拉伯人拿走了教堂中的贵重物品，如黄金和宝石等，威尼斯商人则悄悄地从阿拉伯人手上买走了被称为“圣马可遗物”(据说是一具遗骸)的东西，为了能将“圣马可遗物”平安运出亚历山大港，他们把它藏到了猪肉里面，这样才安全起航。

回航途中他们多次遇到恶劣天气和异教徒的堵截，据说因圣马可显灵，才保佑他们安全无恙。不仅如此，在威尼斯商人回航途经的各个岛屿，也曾被圣灵抚慰过，使得他们未遭受危险。所以威尼斯人认为，圣马可之灵永远普照在威尼斯这片地方，威尼斯的旗帜和钱币上都印上了圣马可本人和他的狮子。威尼斯人无论在危险、艰难、死亡，还是在入洗、快乐、庆典、会议中，都会呼喊圣马可。另外“Viva San Marlo quot”（圣马可万岁）也成了威尼斯胜利的口号。

[约翰]

约翰就是圣马可，被认为是耶稣所爱的门徒。在天主教和东正教中都公认他为圣人。

[威尼斯共和国国旗（697—1797 年）]

[威尼斯共和国战旗（697—1797 年）]

威尼斯共和国旗帜上的这只狮子的一只脚踩着一本书，其解释是：威尼斯人聪明和迅速。

书上有拉丁文，大意是：“和平与你同在，啊圣马可，我的布道神！”这也是威尼斯人的座右铭。但是在威尼斯战争期间，这本书则被认为可以合上，并在狮子的爪上出现一把出鞘利剑，象征着威尼斯人的力量，所以威尼斯共和国的战旗和国旗是不同的。

第 4 章
征服亚得里亚海

由于在拜占庭帝国内部多次发生军事将领插手皇族内部斗争的情况，11 世纪以后，拜占庭帝国传统的军事制度开始瓦解，历任皇帝开始解散军区和世袭部队，以遏制军事贵族的发展。如有战事，就以雇佣兵取代职业军队，以限制贵族的军事实力。然而这样做不但没有解决拜占庭帝国皇族内部的斗争，反而使得部分贵族铤而走险，发动政变，造成了恶性循环，国家内部不稳定，导致周边疆域渐渐地被其他国家蚕食。威尼斯也从拜占庭帝国纷乱的局势中获得了巨大的财富和权利。

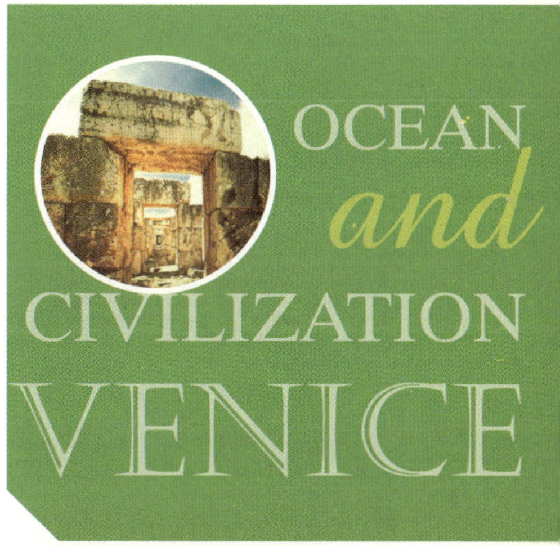

危机四伏的拜占庭帝国迎来阿历克塞一世登基

11 世纪初期的拜占庭帝国危机四伏，在帝国的西方，诺曼人正在慢慢侵蚀拜占庭帝国在欧洲的领土；而帝国东方的大片领土已经被塞尔柱突厥人吞噬殆尽；北方躁动不安的诸多部落民族也趁机骚扰不停，加上帝国国力衰败，民生凋敝，内忧外患之下，令拜占庭帝国几乎要走到亡国的边缘。

在时局纷乱之际，拜占庭帝国迎来了科穆宁王朝的第二位皇帝——阿历克塞一世。这是一位充满争议的皇帝，支持者夸他是开启中兴之治的英明君主，反对派则说是他引来了灭国的豺狼。

[拜占庭帝国科穆宁王朝的第二位皇帝阿历克塞一世]

[伊萨克一世]

阿历克塞一世上位

阿历克塞一世原名阿莱克修斯·科穆宁，是科穆宁王朝第一位皇帝伊萨克一世的侄子。伊萨克一世上位不到两年就被以米海尔·普塞尔乌斯为首的贵族推翻，此后另一位大臣君士坦丁·杜卡斯在混乱中称帝，建立杜卡斯王朝。这个王朝也没有存在多久。1078 年，杜卡斯王朝的安纳托利亚军区将军尼基弗鲁斯·波塔尼亚特在塞尔柱突厥人的支持下自立为帝，并带兵进攻君士坦丁堡，迫使杜卡斯王朝的米海尔七世退位，进而成为尼基弗鲁斯三世。而此时阿历克塞一世·科穆宁作为尼基弗鲁斯三世的左膀右臂,被授予很大的权力。因为尼基弗鲁斯三世年纪较大，身体也很弱,很多政务都是由阿历克塞一世在处理。眼看帝国的政治乱象此起彼伏，已大权在握的阿历克塞一世经过多方筹谋，于 1081 年带兵进入君士坦丁堡，自知不敌的尼基弗鲁斯三世只能宣告退位，躲到修道院以求存活，同年就因病去世。

解决诺曼人的陆路进攻

此时，拜占庭帝国西方的诺曼人，已经借助拜占庭帝国内部混乱的权力角逐，悄悄地通过海陆军队，侵蚀着拜占庭帝国的领土。

靠军队登上皇位的阿历克塞一世，深知刚经历混乱的拜占庭帝国，国力已经无法支撑帝国与诺曼人之间的长期交战，于是他想到了一个绝佳的办法——请外援。

阿历克塞一世想到的第一个外援是德

[入侵意大利海岸的诺曼人——1881 年版画]

11 世纪初期开始，意大利南部和西西里当地贵族雇佣诺曼人，与阿拉伯人和拜占庭人作战。随着移居这里的诺曼人越来越多，他们成立了诺曼人小公国。他们保留了其海盗祖先维京人的许多特质，即无与伦比的快速越野渡海能力和野蛮暴力，慢慢地吞噬着欧洲土地。

国，时任德国国王的亨利四世，也和他一样是刚千辛万苦地夺得王位，同样经历混乱的德国此时也非常缺钱，这时候，阿历克塞一世派人送来了 36 万枚金币，请他出兵攻打诺曼人。

在之前，诺曼人曾帮助教皇格列高利七世攻打过亨利四世，在阿历克塞一世送来的大批金币面前，亨利四世毫不犹豫地答应出兵了。

来自陆路的战争帮手找到了，来自海上的诺曼人袭扰又如何解决呢？阿历克塞一世想到了威尼斯。

[亨利四世（神圣罗马帝国皇帝，1050—1106 年），木刻]

因为教皇格列高利七世多次利用宗教的威信，对亨利四世进行处罚罢免，并将他逐出教门，双方结下了梁子。

1083 年，亨利四世占领了梵蒂冈城堡，并逐渐侵吞其他罗马城区。1084 年，亨利四世进占罗马，教皇格列高利七世弃城南逃，向盘踞在西西里的诺曼人求援，彪悍的诺曼人从意大利南部驰援罗马，并将亨利四世的军队赶出了罗马城。

1103 年，亨利四世曾首次颁布“上帝和平”，禁止诸侯私战。

都拉佐海战：威尼斯成功获得君士坦丁堡的商贸特权

位于希腊沿岸的诺曼人，从亚得里亚海西岸的巴里出发，渡过亚得里亚海出海口附近的海域，在对面的都拉佐登陆，这里有一条古罗马时代建造的埃格纳提亚大道，可以直接横穿希腊，到达拜占庭帝国的首都君士坦丁堡。

这条埃格纳提亚大道曾是恺撒追击庞培的道路，虽然年久失修，早已面目全非，但是沿途没有障碍阻挡，对君士坦丁堡有着极大的威胁。

[古罗马时期的埃格纳提亚大道]

精明的威尼斯人巧妙地向拜占庭帝国要权利

阿历克塞一世写信给威尼斯元首，希望他能出兵拦截诺曼人。

其实，即使是阿历克塞一世不开口，威尼斯也会出手，因为亚得里亚海的出海口是个狭窄海域，这里是威尼斯通往外面的通道，一旦诺曼人在攻击君士坦丁堡的过程中，将亚得里亚海出海口封锁，这将对威尼斯的海洋贸易造成极大的威胁。

话虽如此，但是如今是阿历克塞一世请求帮助，精明的威尼斯人在答应出手的同时，也顺便向他提出了条件：在君士坦丁堡建立威尼斯的商业基地；让威尼斯商人享受与拜占庭帝国商人同等的待遇。

在紧迫的战局之下，阿历克塞一世只得答应了威尼斯人的条件。

[诺曼战士]

诺曼大军的首领博希蒙德，生于意大利南部，父亲罗伯特·圭斯卡德出身雇佣兵，后成为阿普利亚和卡拉布里亚公爵。博希蒙德于 1079 年开始领兵，1081 年攻占阿夫洛纳，开始向拜占庭帝国进军，同年拜占庭帝国皇帝阿历克塞一世登基，成为博希蒙德的对手达 30 余年。

围攻都拉佐：诺曼人的海军被威尼斯打得七零八落

于是，威尼斯舰队驶出了威尼斯港，向着都拉佐驶去，开始合法地巡航在亚得里亚海，保卫拜占庭帝国的边境。

1081 年 5 月末，诺曼大军的首领博希蒙德率领 150 艘舰船，其中有 60 艘马匹运输船，准备进攻拜占庭帝国。这支部队约有 3 万多人，以当时各国的人口情况来看，这支军队的规模算是一支大军了，当然这和我国古代不能比，小小的一次暴动，朝廷都要派几万人镇压。

在得知诺曼大军准备进攻拜占庭帝国的消息之后，

[诺曼战船]

[拜占庭人用希腊火攻击诺曼战船]

威尼斯人在傍晚袭击了博希蒙德率领的诺曼舰队。诺曼舰队很快被威尼斯海军的密集船阵和拜占庭人的希腊火击败。诺曼舰队只能撤退，而威尼斯舰队进入了底拉西乌姆的港口。

威尼斯便派出了一支庞大的海军舰队，在诺曼舰队进入亚得里亚海的都拉佐海域时，威尼斯海军舰队借着傍晚的余晖袭击了诺曼舰队。将诺曼舰队逼到了都拉佐的底拉西乌姆的港口。

诺曼舰队被逼进底拉西乌姆的港口后，眼看无法从海上脱身，诺曼大军的首领博希蒙德便决定围攻底拉西乌姆的港口，欲将此处打下来，为日后做更长远的打算。其想法虽然好，但是实施起来并不容易。

[阿基米德发明的投石机 “onager”]

前 214—前 212 年，阿基米德的家乡叙拉古遭到了罗马人的围攻，他设计了许多御敌武器。虽然阿基米德最终在城破后死于非命，但他的发明却被罗马军队采用，其中就包括了“onager”，字面意思是“野驴”，就是一种扭力投石机。

都拉佐作为亚得里亚海的出口，底拉西乌姆的港口可以方便地扼制所有进入和驶出的船只，这个地方绝对是个要塞。

要想攻占此处，诺曼人只能打个时间差，博希蒙德企图凭借着 3 万多人的军队，在威尼斯和拜占庭帝国的海军尚未到达之前拿下底拉西乌姆的港口。

拜占庭帝国一边派兵增援，一边给底拉西乌姆的守城军队下达坚守拖延的命令，尽管诺曼人拥有投石机、攻城塔楼等攻城武器，但底拉西乌姆的守城军队誓死守城，打退了他们一次又一次的进攻。

威尼斯海军则配合拜占庭帝国从海上进攻诺曼舰队，削弱他们攻城的兵力，虽然这是威尼斯海军第一次与陆兵配合的战争，但在海上作战对威尼斯海军来说，那就是小菜一碟。首先威尼斯的船大、人多；其次，威尼斯

[诺曼人入侵——中世纪绘画]

一直有对海盗作战的经验，所以这次与诺曼舰队作战，威尼斯海军依旧以这种方式，利用诺曼舰队不敢分散的心理，打一下就跑，就这样几次冲击之后，诺曼舰队就被威尼斯海军打得七零八落了。

陆地上底拉西乌姆城池无法攻破，海上诺曼舰队又

[金角湾鸟瞰图]

金角湾是当时拜占庭帝国首屈一指的优良天然港口之一，拜占庭帝国的海军和海洋运输活动均集中于此。

色雷斯的位置在巴尔干山的南边、爱琴海以北，西邻马其顿，东滨黑海，东南是土耳其海峡。位于希腊东北部，是希腊与土耳其及巴尔干地区各国接壤的桥头堡，也是欧亚大陆的连接点。1018 年被拜占庭帝国侵占。

1018 年拜占庭帝国征服了马其顿地区，在接下来的几个世纪里马其顿多次在拜占庭帝国、保加利亚和塞尔维亚之间转手。15 世纪初奥斯曼帝国征服了马其顿，并开始了长达 500 年的统治。

被威尼斯海军打得稀巴烂，双方陷入僵持。

拜占庭帝国的危机并没有被解除，此后，阿历克塞一世御驾亲征，却不可思议地败给了诺曼人。这就是著名的底拉西乌姆会战。在整场战役中表现出色的是威尼斯人，他们在出兵前就已经从阿历克塞一世那里获得了更多贸易权。当拜占庭帝国势力被重创，而诺曼人又无力填补空缺时，积蓄已久的威尼斯共和国终于走上了地中海争霸的前台。不久之后，由阿历克塞一世和博希蒙德共同引发的十字军东征，又会将它推上历史的巅峰。

商贸特权：每 3 个威尼斯成年男子中就有 1 人以上在君士坦丁堡做买卖

拜占庭帝国与诺曼人的战争暂时告一段落，德国人拿走了许多金币，而威尼斯人获得的则是贸易特权。

首先，拜占庭帝国皇帝向威尼斯商人开放了境内所有的领土，这意味着威尼斯商人可以在包括色雷斯、马其顿、希腊，以及小亚细亚到叙利亚在内的几乎全部的东地中海地区自由行商，不仅如此，还可以与拜占庭商人一样享受免关税的待遇。

拜占庭帝国皇室沿用罗马帝国单头鹰的标志。在伊萨克一世在位时，帝国改用双头鹰作为国徽。其原因是为了显示帝国领土的地理特性，也即是拜占庭帝国继承了罗马帝国在欧洲和亚洲东西两部分的领土，是如今很多国家双头鹰图案的雏形。

其次，拜占庭帝

国皇帝还允许威尼斯商人在位于君士坦丁堡中心的金角湾建立居住区，不仅是商店、仓库和领事馆，甚至还可以建造威尼斯船专用的码头。

这意味着威尼斯商船可以不用再绕道了，以前，威尼斯商船每次都需要返回本国港口，然后再出航，而现在威尼斯商人可以直接从君士坦丁堡自己的码头起航，经黑海一带前往埃及，然后再由原路返回。别看这只是一个小小的起点，却为威尼斯商业飞跃性的发展打下了基础。此后，威尼斯商人纷纷前往君士坦丁堡做生意。

从签订特权（1082 年）开始，威尼斯商人在拜占庭帝国遍地开花。据说当时有 1 万威尼斯人生活在君士坦丁堡。这个数字虽然不多，但是当时威尼斯只有 10 万人的总人口，大约每 3 个威尼斯成年男子中就有 1 人以上在君士坦丁堡做买卖。

苏丹是指伊斯兰教历史上类似总督的官职，作为称谓是最近才出现的翻译，它也有很多其他的译法，它是阿拉伯语中的一个尊称。这个词最初是阿拉伯语中的抽象名词“力量”“治权”“裁决权”，后来变为权力。

拜占庭帝国促成了十字军东征，威尼斯觉得利不足，态度暧昧

威尼斯和德国帮助拜占庭帝国解决了诺曼人的危机，拜占庭帝国皇帝阿历克塞一世终于腾出手来关注帝国东方的最大威胁——塞尔柱帝国。

塞尔柱帝国占据着拜占庭帝国东部大片的亚洲区域，是一个以苏丹为国王的伊斯兰帝国。在阿历克塞一世登基时，塞尔柱人已经占领了拜占庭帝国在小亚细亚的大部分领土，1090 年，在阿历克塞一世倾举国之力，阻止了塞尔柱人和佩切涅格人的入侵之后，就再也无力反击对手了。

在 1095 年发动十字军东征之前，诺曼人首领博希蒙德已经对拜占庭帝国发动了好几场战争，希望借此把自己的地盘扩张到亚得里亚海对岸，但这些战争都以失败而告终。以当时的情况来看，诺曼人的领土似乎注定只能扩张到意大利的亚得里亚海岸。在这种背景下，对于渴望开创一番事业的博希蒙德而言，十字军东征的号召来得恰逢其时。

故技重施：找人一起对付敌人

熟悉的情景让阿历克塞一世再一次想到找帮手的策略。拜占庭帝国开始向罗马教皇求和，一起来对抗塞尔柱人。

[教皇乌尔班二世]

教皇乌尔班二世，罗马教皇(1088—1099 年在位)，中世纪四大拉丁神父之一，在他就任教皇的时候，神圣罗马帝国皇帝（德皇）亨利四世支持的对立教皇克莱门特三世仍然占据着罗马。乌尔班二世依旧如前教皇格列高利七世一样反对世俗王权任命神职，提出主教应由神职人员和教徒选举产生。1089 年，在西西里王国诺曼军队的保护下，他初次进入罗马，召开宗教会议，再次绝罚对立教皇及其后台德皇亨利四世。

细说起来，拜占庭帝国与罗马教皇最大的矛盾就是信仰问题，以东正教为主的拜占庭帝国与以天主教为主的罗马教廷，虽然都属于基督教，但是却因正统问题闹得不可开交。为了取得西欧各国的支持，抵御塞尔柱人，阿历克塞一世主动同罗马教皇和解，而这也正中罗马教皇希望扩大权力的下怀。于是在 1095 年，罗马教皇乌尔班二世在克莱蒙（法国）召开的高级宗教会议上宣布第一次十字军东征，讨伐塞尔柱、打击异教徒。

教皇乌尔班二世就任的时候，是由西西里岛的诺曼人首领博希蒙德带军队保护而进入罗马的，由此可见诺曼人和教皇之间的关系很微妙。

威尼斯认为第一次十字军东征是笔不划算的买卖

拜占庭帝国与罗马教皇为打击异教徒，鼓动着西欧各国参加十字军东征，而威尼斯的反应并不积极，采取了观望的态度。因为这批 10 万余众的东征军队并不能让人放心，除了人数众多、杂乱无章的各国军队，甚至还有曾经进攻过拜占庭帝国的诺曼人，这样的军队能做到步调一致吗？这让拜占庭帝国和威尼斯都不太相信。

对于威尼斯而言，十字军东征所能获得的预期利益，与拜占庭帝国给予的特权所带来的利益相比，显得那么微不足道，所以，威尼斯认为与其冒着危险去打仗，还不如踏踏实实地在君士坦丁堡做生意。另一方面，威尼斯也担心海军随十字军东征后，自己国家会出现危险，但是表面上还是应付着拜占庭帝国的邀请。

[十字军使用的盾牌]

[塞尔柱帝国士兵——砖刻]

塞尔柱帝国(1037—1194年)是11世纪塞尔柱突厥人在中亚、西亚建立的伊斯兰帝国，亦称塞尔柱王朝。帝国极盛时领有伊朗、伊拉克、高加索、小亚细亚大部及叙利亚(包括巴勒斯坦)等地。以其酋长塞尔柱克(Saljuq)的名字命名。

1071年，塞尔柱人曾俘虏了拜占庭帝国皇帝罗曼努斯四世·第欧根尼斯，虽然事过20年了，中间已经隔了三任皇帝了，但是对于拜占庭帝国的现任皇帝阿历克塞一世来说，这也是耻辱。

雅法海战：要我打雅法，就要给我巴勒斯坦地区的自由贸易权

威尼斯对拜占庭帝国与罗马教皇发起的第一次十字军东征态度暧昧，既不拒绝，也不与他们一起“浪费时间”，威尼斯的海军舰队，甚至借着十字军东征的东风，做着自己的生意。

虽然威尼斯也悬挂了十字军的旗帜，但因为威尼斯对东征之事不够积极，所以一直没有获得在巴勒斯坦地区通商的权力。而积极响应教皇号召的热那亚和比萨，因为率先为十字军提供海上供给，于是在很早前就有了在巴勒斯坦地区通商的权力。这块大肥肉，让威尼斯很眼馋。

1099年，威尼斯的舰队悬挂着十字军的旗号航行在亚得里亚海上，而在不远处的爱琴海上，十字军的另外两支舰队——热那亚和比萨舰队，正在联合攻打雅法，双方你来我往之间，热那亚和比萨舰队根本没有赚到便

[悬挂十字军旗的威尼斯战船]

第一次十字军东征中，威尼斯虽然没有积极参与十字军打击异教徒的战斗，但也没有放过十字军这块招牌。借着十字军和拜占庭帝国给予的贸易权限，威尼斯将自己的贸易疆域慢慢地拓展。

[雅法古城遗迹]

雅法很小，但历史却很久远。前7500年这里就有人类居住，前2000年这里就是地中海东岸的重要港口。在希伯来圣经中所提到的约培，就是现今的雅法。这里还是去往圣地耶路撒冷的必经之地。

宜，还有点丢人。雅法是个港口，守卫都是本地人，甚至可以吃完饭休息一下再来作战，可十字军舰队是长途跋涉，装备和补给都有限。战斗开始前，热那亚和比萨舰队知道同样悬挂十字军军旗的威尼斯舰队的精明，不想其参加瓜分雅法，可是眼下他们不得不低头，邀请威尼斯舰队一起加入战斗。

[雅法古城版画]

威尼斯人最喜欢这样的时刻，他们从来都不向别人要钱、要赔款，他们只要权力。因为他们清楚地知道，有了权力，他们就可以弄到更多的钱。威尼斯人趁火打劫："加入战斗？可以，不过需要给予我方在巴勒斯坦地区的自由贸易权。"

由于威尼斯舰队的参战，十字军舰队成功打下了雅法。通过此战，威尼斯获得了与比萨和热那亚相同的在巴勒斯坦地区的自由贸易权。

威尼斯从亚得里亚海女王变成地中海女王

威尼斯通过雅法海战，获得了在巴勒斯坦地区的自由贸易权，有了拓展商业的机会，但是在此之后很长一段时间，威尼斯并没有涉足那里，不是不想去，而是不能去。这是为什么呢？因为对于威尼斯家门口的亚得里亚海，一直有人虎视眈眈，这个险威尼斯不敢冒。这人就是地处亚得里亚海东部航线上的匈牙利王。

[匈牙利王国国徽]

不简单的匈牙利王

匈牙利王早就知道亚得里亚海的重要性，而且他与神圣罗马帝国及拜占庭帝国都有着不一般的关系：匈牙利王与拜占庭帝国皇帝是亲戚，这个关系虽然在利益面前不值一提，但把这点关系与威尼斯的关系一比，明显威尼斯这边就轻了许多，加上如今的匈牙利王斯蒂芬二

[匈牙利王冠]

匈牙利王冠由三部分构成，拉丁王冠（corona latina）、希腊王冠（corona graeca，又称拜占庭王冠）和歪十字架（至于为什么是歪的，现在已经无从考证了）。

1000 年或 1001 年，教皇为斯蒂芬一世加冕，匈牙利因此升格为王国。

匈牙利王国是一个特殊的国家：它不是因为国王创造一个王冠，而是要为王冠找一位国王。可见此王冠的神圣，如果国王在加冕仪式上不戴上这顶王冠，其合法性就无法得到承认。

❖ [匈牙利王斯蒂芬一世]
斯蒂芬一世，匈牙利阿尔帕德王朝大公（997—1001年）、第一位匈牙利国王（1001—1038年）、匈牙利国父，在他统治时期，马扎尔人完成了从游牧部落向封建国家的转变。

世又是十字军首领之一，假如此时威尼斯和匈牙利王之间真有事，拜占庭帝国皇帝肯定不会偏袒威尼斯；而且匈牙利自1000年建国开始，罗马教皇就为斯蒂芬一世加冕，匈牙利举国上下开始信奉天主教，这就与罗马教皇也保持着不错的关系。

亚得里亚海是威尼斯的门户，要想放心出门，必须清理门前的蝇营狗苟。可是，匈牙利王盘踞于此，对威尼斯的出海举动清清楚楚，随时可以打击威尼斯商人和海军，而且拜占庭帝国和罗马教皇都会睁一只眼闭一只眼。这对威尼斯来说就是没有说理的地方，于是威尼斯只能凭实力，与匈牙利王斯蒂芬二世交战，双方打打停停，使得亚得里亚海终日不得安宁，最后罗马教皇和拜占庭帝国为了十字军的利益，不得不出面干预，这才使得威尼斯和匈牙利王之间的摩擦暂时停息了，威尼斯缓解了家门口的危险。

人到哪里就要把贸易做到哪里

威尼斯遏制了匈牙利王之后，经济发展得相当快，海军实力也得到了极大加强，已经可以横行亚得里亚海了。自此之后长达500年的时间里，威尼斯有了新的别称：亚得里亚海女王。整个亚得里亚海甚至有了威尼斯湾的别名。

没有了匈牙利王的威胁，威尼斯放心大胆地派兵参加十字军，一直打到埃及。边走边打，边打边发财，比如，1124年，泰尔被十字军侵占，泰尔又叫提落、提尔，是今天黎巴嫩的一个城市；加上之前十字军攻占耶路撒冷后，顺便攻占了阿什凯隆港，威尼斯商人轻易地掠夺了不少的金银、胡椒和肉桂等货物。

至此，从阿什凯隆以北，再也没有一个港口属于阿拉伯人。

别的国家的十字军是打到哪里，领地抢到哪里，而威尼斯商人却随着十字军的脚印，遍布了巴勒斯坦的所有港口，这些地方都成了威尼斯商人安全的贸易集散地。

就这样，威尼斯从亚得里亚海女王摇身一变成了地中海女王。

有句话说“战争是政治的延续”，如果要用到威尼斯人身上，应该是“战争是贸易的手段”。是的，无论何时，威尼斯人都牢记商人的“本分”，人到哪里，就要把贸易做到哪里，用一句如今的话来形容，那就是：生命不息，贸易不止。

阿什凯隆是以色列古代最古老和最大的海港，位于加沙以北，雅法以南。
十字军攻占耶路撒冷之后，去援救耶路撒冷的埃及法蒂玛王朝阿什凯隆军队被十字军击败，但是由于十字军领袖内部的争斗，该市本身并未被十字军占领。这次战役普遍认为标志着第一次十字军东征的结束。1148年，第二次十字军东征期间，一小支十字军战士在没有得到十字军国家的充分支持下，对该市进行了8天的包围，但未能成功攻下。1150年，法蒂玛王朝在该市建造了53座塔楼，使其成为最重要的边境要塞。3年后，即1153年的阿什凯隆战役中，被十字军围城5个月之久，终于被十字军占领，将其并入雅法郡，组成雅法和阿什凯隆郡，成为耶路撒冷王国的4个主要领地之一。

[阿什凯隆之战壁画]

[威尼斯里亚尔托桥两岸繁荣景象]

[泰尔遗迹，十字军东征时代留下的海中堡垒]

泰尔是古代腓尼基人的城市，现在则是黎巴嫩的第四大城市，也是该国的主要港口之一。大约在公元前 2700 年由来自西顿的殖民者所建立，后来成为腓尼基人的渔业与交易中心。

与拜占庭帝国撕破脸：威尼斯人被拜占庭帝国皇帝操纵的民众驱逐

威尼斯的强大，与拜占庭帝国脱不了关系，随着时间的推移和威尼斯的财富积累，双方的关系开始变质。

来自拜占庭帝国商人的不满：威尼斯商人在侵占他们的利益

自 1082 年开始，获得贸易特权的威尼斯商人，一直踏踏实实地在君士坦丁堡做着生意，赚得盆满钵满，可是骄人的财富也令威尼斯商人变得傲慢，遭到了拜占庭帝国民众的怨恨。

曾经，拜占庭帝国商人和威尼斯商人在待遇上有差别，双方是卖方和买方的关系，所以相处得一直挺好。

待遇平等之后，威尼斯商人可以肆意地采购原本拜占庭帝国商人手里的商品，这样双方就从合作者变成了竞争对手，双方的关系变得微妙起来。除此之外，威尼斯商人还可以与君士坦丁堡当地女人同居甚至结婚，并唆使她们改变信仰（拜占庭帝国信奉的是东正教），这些事情，使得拜占庭帝国的商人对威尼斯商人越来越不满。

[拜占庭时期的丝绸]

此时拜占庭帝国掌握着来自中国的丝绸技术，丝绸的生产与销售是拜占庭帝国的一项重要垄断产业，丝绸在皇家丝绸厂里进行加工，随后被卖给授权的买家。拜占庭帝国的丝绸远销至西欧，这让拜占庭商人赚取了无数金币，然而自从威尼斯商人获得了与拜占庭商人同等的贸易权利后，拜占庭商人对丝绸的垄断地位渐渐地被威尼斯商人破解。这时的拜占庭商人与威尼斯商人之间产生了很多矛盾。

据传说，当时的丝绸制造技术是中国朝廷的垄断技术，不向外公开，后来罗马间谍用几根竹杖，在里面做了机关，并将蚕和桑叶的种子装入竹杖内。就这样瞒过了中国朝廷士兵，将丝绸的秘密偷回罗马，之后丝绸技术就成了罗马人的技术了，对东方丝绸的采购量也随之下降。左图即为拜占庭时期的丝绸，虽然已经朽破，但是依旧可以看到它当年的精美。

拜占庭皇帝阿历克塞一世给予比萨在君士坦丁堡的贸易权

拜占庭帝国商人的不满，正中阿历克塞一世的下怀，他觉得给予威尼斯的特权有点过大了，再加上威尼斯的对手热那亚和比萨两国的鼓动，阿历克塞一世有点后悔的意思，为了掣肘威尼斯，他决定把目前给予威尼斯的权利，同样给予也是海洋城邦，但是相对较弱的比萨。1111 年，比萨人也得到了在君士坦丁堡的贸易权。

同样的贸易权利，势必引起激烈的竞争，这种竞争

[约翰二世·科穆宁]

约翰二世·科穆宁，阿历克塞一世之子，他相貌丑陋，因虔诚与和善闻名，被称为“美男子”或“好人”，1118年挫败其姐安娜·科穆宁娜争夺帝位的企图后即位。在位期间，大部分时间在军营中度过。为增加国家税收，一度取消其父给予威尼斯的贸易特权，导致拜占庭帝国与威尼斯发生矛盾。

就会引发全面的贸易战争。起先仅仅表现在买卖上，后来逐渐上升为族群之间，当然这都是后话。

拜占庭帝国皇帝约翰二世·科穆宁取消了威尼斯的贸易特权，引发了战争，失利后恢复权利

阿历克塞一世的儿子约翰二世·科穆宁继位后，又收缩了威尼斯的权利，1122年，他直接取消了威尼斯的特权，导致了威尼斯的不满，进而引发了威尼斯和拜占庭帝国之间的战争，威尼斯以强大的舰队劫掠爱琴海诸岛，并占领了科孚岛和克利法尼亚岛。

拜占庭帝国被威尼斯强大的海军逼得没有办法，只

[炮塔高耸的科孚岛古要塞]

这座炮塔高耸的科孚岛古要塞是威尼斯共和国时代防御工事的遗迹。

科孚岛（克基拉岛）曾先后被罗马帝国、拜占庭帝国、热那亚和威尼斯所管治。

曾先后被哥特人、伦巴第人、萨拉森人以及诺曼人侵占，西西里国王及意大利城邦热那亚和威尼斯曾为夺取该岛而发动战争。

这里还是伊丽莎白二世的丈夫爱丁堡公爵的出生地。

得再次与威尼斯谈判，并恢复了威尼斯以前的所有贸易权利。

拜占庭帝国皇帝曼努埃尔一世把贸易特权给予热那亚，使得两国关系更加紧张

从此，威尼斯人更肆无忌惮地在东罗马海域和君士坦丁堡城横冲直撞。在马尔马拉海和黑海的各主要港口，停泊着威尼斯的大批商船，在君士坦丁堡郊外的加拉塔和佩拉居住着无数威尼斯富商大贾，他们自恃财大气粗，耀武扬威，骄横无比，拜占庭帝国臣民对这些人恨之入骨。

1156 年，拜占庭帝国皇帝曼努埃尔一世（约翰二世的儿子）在位时期，为了压制威尼斯人的气焰，他把贸易特权给予威尼斯、比萨以外的热那亚等城市，试图以此牵制威尼斯，使得两国关系更加紧张了起来。

拜占庭帝国引狼入室后，还离不开威尼斯这头狼

对于拜占庭帝国来说，威尼斯的强大并不是一件令人愉快的事情。原本只是想利用威尼斯代为保护其西方海域的安全，没想到它借着东风，变得如此强大。更令人郁闷的是，拜占庭帝国还离不开威尼斯，因为还要借助它的海军保护着自己的安全。拜占庭帝国有心想把这个任务交给别的国家，比如视威尼斯为眼中钉的热那亚和比萨，但这两国却在因为争夺科西嘉岛而打得不可开交。

[曼努埃尔一世]

曼努埃尔一世，拜占庭帝国皇帝（1143 1180 年在位），也是前任皇帝约翰二世的小儿子。他的统治时期是拜占庭帝国和地中海历史的关键转折点。

比萨靠海，是当时的制盐大国，比萨人把盐高价卖给那些需要的国家，那些地处内陆又缺乏岩盐的买家自然是对比萨人的无耻行径咬牙切齿。在意大利，直到今天还流传着这样一句顺口溜：“宁可家里死人，总也好过比萨人敲门！”

此时的比萨和热那亚，均已有拜占庭帝国的贸易特权，也靠第一次十字军东征壮大了起来，伺机扩张殖民领地，双方为争夺科西嘉岛而开战。

此时，君士坦丁堡东部的比萨人居住地区也被拜占庭帝国允许扩大。
此后长达数十年，比萨成为拜占庭帝国最重要的商业与军事同盟，而威尼斯则被拜占庭帝国挤压驱逐。

克里特岛是地中海文明的发祥地之一。12 世纪后期，从君士坦丁堡迁入新的居民，以 12 位贵族为首，从而建立了新的克里特贵族政府。

[克里特岛上的拜占庭式教堂]

克里特岛是爱琴海最南面的皇冠，它是诸多希腊神话的发源地，过去是希腊文化、欧洲文明的摇篮，现在则是美不胜收的度假之地。

[出版于 1890 年的《威尼斯商人》中的插图]

《威尼斯商人》是莎士比亚的浪漫喜剧之一。

1182 年，君士坦丁堡爆发了反西方骚乱，因为嫉妒意大利商人的影响力和财产，混乱中拜占庭帝国皇帝宣布没收拉丁人的财产，并将商人囚禁起来。这一事件被称为“拉丁大屠杀”，比萨、热那亚、威尼斯总计 6 万人被关押或流放。与此同时，位于亚得里亚海的扎拉趁机脱离威尼斯之手，并宣布效忠于天主教皇和匈牙利王国。

这些事件为之后第四次十字军东征埋下了仇恨。

如此情形之下，即使是再郁闷，拜占庭帝国也只能忍气吞声，继续开放着自己的国内港口，任威尼斯人来来往往。这种僵持的关系一直持续到了 1170 年前夕，终于被一件事情打破了。

拜占庭帝国民众对威尼斯人的仇恨越来越深

威尼斯人在拜占庭帝国内享有充分的自由，但是在克里特岛和塞浦路斯岛却不行。这两个岛屿，如今最有名的可能是它们的美丽风光，但是在当时，这两个岛屿作为东地中海的战略要地，对威尼斯有着重要意义，当威尼斯企图东进的时候，拜占庭帝国的限制就成了威尼斯的枷锁。

经过几次协商，拜占庭帝国就是不肯向威尼斯开放克里特岛和塞浦路斯岛的贸易特权，加上热那亚与比萨的商人也开始成群地出现在君士坦丁堡，威尼斯人愤怒了。1168 年，时任威尼斯元首发布禁令：禁止所有威尼斯人在君士坦丁堡的贸易活动。使得君士坦丁堡整个商业一片萧条，直到两年后，1170 年，拜占庭帝国皇帝和威尼斯元首达成和解，威尼斯人才重新出现在君士坦丁堡进行贸易。然而，由于威尼斯人因富有而傲慢，使得拜占庭帝国民众对威尼斯人的仇恨越来越深。

[意大利海军军旗]

意大利早期的 4 个海洋共和国：阿马尔菲、比萨、热那亚和威尼斯，个个都是声名远播，有过辉煌的海洋贸易史。

虽然如今这几个海洋共和国都已经不复存在，不过它们的国旗组成了意大利海军军旗。

拜占庭帝国皇帝操纵民众驱逐威尼斯人

1171 年，拜占庭帝国的政局出现波动，君士坦丁堡出现了大量反威尼斯人的运动，慢慢的，这场暗中由皇帝曼努埃尔一世煽动的民众运动开始蔓延，并且愈演愈烈。3 月 12 日，曼努埃尔一世宣布逮捕所有君士坦丁堡内的威尼斯人，并扣留所有威尼斯船，依据的是“威尼斯人乃拜占庭帝国的臣

阿马尔菲海岸作为意大利的世界文化遗产，被美国《国家地理》杂志评为人一生中必须要去的 51 个美丽的地方之一。

[阿马尔菲主教座堂]

阿马尔菲最重要的教堂，始建于 9 世纪，阿马尔菲主教座堂又称为圣安德烈大教堂。

圣安德烈是耶稣的十二门徒之一，也是耶稣收的第一个门徒，是圣彼得的弟弟，东正教的首任牧首。1206 年，阿马尔菲人参与了第四次十字军东征，洗劫了君士坦丁堡，把埋在君士坦丁堡的圣安德烈遗骨（据传是在希腊殉道）抢到了阿马尔菲，并将其安葬在这座教堂的地下室，所以教堂的名字就成了圣安德烈教堂。

民，皇帝征收子民财物乃理所当然之事”。不用想也知道，威尼斯绝不会接受这种解释，于是威尼斯元首维塔·米迦勒二世派遣了由120艘船、2万军队组成的海军舰队前往君士坦丁堡围城，要求拜占庭帝国释放威尼斯人并给予一个合理的解释。

这场威尼斯毫无准备、因拜占庭帝国突发奇想而导致的莫名其妙的战争，持续了大约1年，结果是两边都不讨好。陷于饥荒的君士坦丁堡爆发了大瘟疫，曼努埃尔一世最后让步释放威尼斯人，但却坚持不交还威尼斯人的财物与聚居地，于是威尼斯元首米迦勒二世愤而宣布与拜占庭帝国彻底断交。

自那以后，在长达30年的时间里，君士坦丁堡成了威尼斯人的禁区。威尼斯人将贸易转到了叙利亚、巴勒斯坦和埃及。而威尼斯在君士坦丁堡的一切贸易特权都被热那亚接收，后来随着1187年圣城耶路撒冷陷落于伊斯兰教徒之手，威尼斯在巴勒斯坦的贸易特权也被阿拉伯商人夺走，这也使得威尼斯在12世纪后期的处境变得艰困、危险，好在不久之后就看到了曙光。

[阿马尔菲主教座堂内是巴洛克风格]

文明之眼

意大利最早的海洋共和国：阿马尔菲共和国

在威尼斯人战战兢兢地驶出潟湖，开始海洋贸易的时候，阿马尔菲早已经有了自己的航线。

阿马尔菲的地理位置

在地图上，意大利的南端有一块伸入地中海的狭长地带，阿马尔菲就是在这西面的沿海城市。

339 年，罗马人在那不勒斯城南建立了阿马尔菲贸易据点，这就是最早的城镇。596 年，此地的第一个主教由神圣罗马帝国任命，这意味着阿马尔菲正式成为一个城市。

839 年，阿马尔菲脱离了伦巴第王国与拜占庭帝国的控制，自己选举出第一任提督（在有些翻译资料中，威尼斯元首被翻译为总督，而阿马尔菲元首却被翻译为提督），有了自己的领袖。自此开始，阿马尔菲可以称为一个国家了。

958 年，阿马尔菲在瑟吉厄斯一世的领导下成为共和国，其领导人的名称也从提督变成了总督（跟威尼斯的元首一样），这个时候的阿马尔菲发展到了顶峰。

发展海洋贸易的海洋共和国

阿马尔菲人的家门前就是西地中海，他们从邻近的国家购入谷物，再从撒丁尼亚和北非购入盐和奴隶，将这些货物通过地中海卖给埃及和叙利亚的穆斯林，从他们那里换来金币后，再转向拜占庭帝国购买丝绸，最后再卖回西欧。阿马尔菲就是依靠这条横跨整个地中海的贸易路线，换回了大量财富，同时，为了保护航线的运输通畅，他们会在沿途海岸购买土地建造贸易站点。这点是不是与威尼斯的“海上高速公路”非常相似？是的，威尼斯的“海上高速公路”的经验就来自于前辈阿马尔菲。

作为一个小小城镇，阿马尔菲没有足够的军事力量抵抗入侵，1034—1039 年，阿马尔菲被并入了伦巴第人的卡普阿公国。到了 1073 年，命运多舛的阿马尔菲又受到诺曼人的进攻，并被其占领，成了诺曼人的领地。

虽然有着自治的权力，但这个城邦的人们仍然想要独立，1096 年和 1130 年，阿马尔菲人分别爆发了两次起义，但都以失败告终，阿马尔菲还为此掏空了城市的财富。到了 1137 年，原本只是小弟的比萨迅速崛起，用他们强大的海军舰队征服了这里，阿马尔菲的辉煌从此一去不复返。

文明之眼

第一次十字军东征造就比萨共和国崛起，成就12世纪的辉煌

中世纪的比萨是一座临河而建的城市，作为亚洲人的我们对它的了解并不太多，不过比萨斜塔大家一定听说过，比萨斜塔就在比萨城内。

比萨共和国

看看如今意大利的地图就能够知道，比萨在意大利半岛探入地中海的狭长地带上，在威尼斯西方，它虽不像威尼斯和热那亚那样临海，但是距离海洋也只有10千米的路程，这个距离不会成为发展海洋贸易的障碍。

比萨建城于前90年左右，在4世纪初成为罗马帝国的主教区。

比萨背后是一片平原地带，盛产农作物，由于此处位于奥勒里亚大道线上，是向外运送物产的唯一海上出口，所以自5世纪起，比萨人就开始与希腊人和高卢人进行贸易。

[比萨斜塔]

比萨斜塔修建于1173年8月，它由著名建筑师那诺·皮萨诺主持修建。它位于罗马式大教堂后面右侧，是比萨城的标志。

比萨斜塔从地基到塔顶高58.36米，倾斜角度3.99度，偏离地基外沿2.5米，顶层突出4.5米。1174年首次被发现倾斜。人们曾一度认为这座钟楼是故意被设计成倾斜的，但是事实并非如此，而是由于它地基下面土层的特殊性造成的。

比萨没有威尼斯的蜿蜒运河和潟湖的防御，也没有热那亚背后的群山可以避祸，地处平原的比萨只能依靠建造坚固的城墙，据守城内。

防守终归不是办法，于是比萨人开始出海迎战，夺得制海权，也就意味着可以安心从事贸易。比萨的海军力量发展得非常早，据说传遍欧洲的冲角战术就是由他们发明的。有了这样有效的海战战术，在9—10世纪期间，原来与比萨海军不分高下的撒拉逊人也逐渐不敌，到了11世纪时，比萨海军远征到撒拉逊人在北非的大本营，在比萨海军威慑之下，撒拉逊人屈服了。所以在第一次十字军东征，罗马教皇寻求合作伙伴时，首先就找了比萨。

凭着雄厚的海军实力，1077年，罗马教皇给予了比萨制定管理海上的法律和制度的权力，并且在这一年，神圣罗马帝国的皇帝准许比萨可以自己选举总督，比萨共和国正式诞生。

[古罗马大道遗迹]

公元前312年开始建造的阿庇亚大道是古罗马最早建设的一条大道，它从罗马城往东南方向延伸，到他林敦（今塔兰托），长261千米。这条大道由罗马监察官阿皮乌斯监造，沿途与一些杰出的罗马人的坟墓相连，后来又延伸到亚得里亚海沿岸。从阿庇亚大道的中途延伸出支线到墨西拿海峡的莱吉乌姆，称波匹利亚大道。到公元前2世纪初，又有四条大道从罗马向四面八方伸展：西北方向有至热努亚（今热那亚）的奥勒利亚大道，向北有至亚得里亚海沿岸的弗拉米尼亚大道，向东有横穿亚平宁半岛的瓦莱里亚大道，东南方向在卡普阿附近有与阿庇亚大道连接的拉丁大道。另有无数支线通向罗马各大行省。

发展良机——第一次十字军东征

海军的强大促进了比萨经济的活跃，第一次十字军东征又给了比萨发展的绝佳机会。比萨海军为东征的十字军提供了120艘舰船，当然，就像日后威尼斯为第四次十字军东征提供船舶一样，比萨人的付出不可能是免费的，他们根据所要运输的马匹和士兵，核算出价格，由罗马教皇支付报酬。

1099年，在十字军攻打圣城耶路撒冷的战役中，比萨军队帮助十字军攻下了这座城市，作为回报，比萨商人得到了在耶路撒冷、黎凡特等地区的贸易权。之后，比萨开辟了前往利比亚、埃及和小亚细亚的航线，把自己的控制范围扩大到了东地中海。

直到12世纪，比萨的黄金时代，各地都设有比萨商人的居住区及贸易基地，像君士坦丁堡、叙利亚的安条克、雅法、阿卡、埃及的亚历山大港等，都在比萨的占领之下。比萨在12世纪的辉煌，人们在今天的比萨城中仍然可以看到，比如比萨斜塔、比萨大教堂都是建立于这个时期。

[比萨海军]

衰弱的比萨共和国

随着时间的流逝，距离比萨最近的热那亚不断壮大，成了比萨的竞争对手，另外比萨还面临着撒拉逊人的骚扰。在11世纪之前，为了对付外敌撒拉逊人，热那亚曾与比萨多次联合。可外敌一去，在争夺科西嘉岛时，比萨与热那亚反目，昔日的战友瞬间变成了仇敌。

1111年，比萨拿到了君士坦丁堡的贸易权，又与威尼斯交恶。从此之后，比萨与威尼斯、热那亚的摩擦就一直未曾停止。

1206年，威尼斯在克里米亚半岛的苏尔达亚建立了一个小规模的贸易站后，抢夺了比萨人的贸易，同年比萨与威尼斯开战，比萨大败，从此，比萨海军开始退出亚得里亚海。

[比萨墓园]

比萨墓园是一个长方形且具四面回廊的建筑，回廊白墙内的土壤是当年十字军东征时从耶稣受难地运来的。传言这里的土可在几天内将尸体变成骨架。墓园的很多石棺都是希腊罗马式的，这里是中世纪时杰出的比萨人最后的安息地。

[撒拉逊人雕像]

撒拉逊人（从613年开始），原来指从今天的叙利亚到沙特阿拉伯之间的沙漠牧民，广义上则指中古时代所有的阿拉伯人。

这些撒拉逊人在7世纪兴起，并在之后的150年间建立了一个庞大的帝国。他们在先知穆罕默德的教诲指引之下，意图改变全世界的宗教和政治版图。

文明之眼

热那亚从第一次十字军东征中获益，开拓了前往佛兰德的航海线路

热那亚与威尼斯同是航海国家，它的地理位置就像是威尼斯的镜像，位于意大利西侧，与威尼斯位置对称，而与另一个对手比萨的距离非常近。热那亚与比萨一样是古而有之的海洋贸易中转站。比萨是由陆路转海运的向外出口型运输，而热那亚则是由海运转陆路的进口方式航运，因为通过热那亚，可以方便地进入波河上游、米兰和都灵等城市，或者通过阿尔卑斯山就可以进入法兰西。

不同的生存环境造就了热那亚人与威尼斯人的不同性格

热那亚坐落在群山之中，有丰富的造船木材，虽然与威尼斯一样没有肥沃的土地，但是木材可以方便地提供造船材料。

同样作为海洋国家，威尼斯因为居住环境的恶劣，既要防止岛屿被淹，又要防止潟湖淤积，所以威尼斯人必须精诚团结，他们对外时听从政府的管控，整个国家如同企业一样进行运作；而热那亚则没有环境和生存的担忧，无需这样，况且满山的树木，靠个人的能力就可将其运出售卖，所以热那亚人更偏爱私人企业。

比威尼斯早了 50 年获得贸易优势

热那亚与威尼斯、比萨相比，虽然国民的性格有差异，但它们都是海洋国家，都想要垄断市场，以便获得更大的利润，所采用的手段也略有不同。

早先，热那亚也获得了一些殖民地，但绝大部分都是私有的，特别是在第一次十字军东征期间，热那亚由私人组建的舰队，为东征的十字军提供运输和给养，因此获得了在十字军占领地域的特许贸易权。热那亚在第一次十字军东征后就获得了贸易优势，开拓了一条前往佛兰德的航海线路，这一步比威尼斯早了 50 年。

[热那亚古城墙]

[热那亚凯旋门]

历史上欧洲国家的战争胜利者总要建凯旋门作为纪念，所以凯旋门就像我们国内的牌坊一样，很多城市都有。

在 8—9 世纪期间，阿尔卑斯山区的土地成为查理曼帝国的一部分。查理曼的孙辈根据《凡尔登条约》瓜分了帝国，888 年凯尔特人、罗马人和野蛮人强加于阿尔卑斯山区的统一在中世纪期间消失了。

第 5 章 促成第四次十字军东征的贸易

前三次十字军东征打乱了拜占庭帝国的统治秩序，拜占庭帝国陷入了西方扩张势力的包围之中，处境困难，国力日渐虚弱。一直借着十字军的东风做生意的威尼斯，已经能在亚得里亚海畅通无阻了，当教皇英诺森三世发出第四次十字军东征集结令时，威尼斯便开始孕育着更大的企图。1202 年 9 月 8 日，在圣马可大教堂的见证下，威尼斯 95 岁的元首恩里科 · 丹多洛带领本国将士，隆重地加入了这次十字军东征的行列。

前三次十字军东征并没有取得好的结果

自 1081 年，罗马教皇乌尔班二世向欧洲的教众宣布与“异教徒”斗争之后，至 1197 年，十字军首领德皇亨利二世去世为止，三次十字军东征，似乎并没有取得好的结果：

第一次十字军东征于 1096 年开始，十字军们从君士坦丁堡出发，3 年之后也就是 1099 年攻陷耶路撒冷，这是唯一一次胜利的东征。但是教皇的呼吁是打击异教徒，所以十字军屠杀了大量伊斯兰教的教徒。

第二次十字军东征于 1147 年开始，起因是塞尔柱人占领了埃德萨，这次东征在法国国王、神圣罗

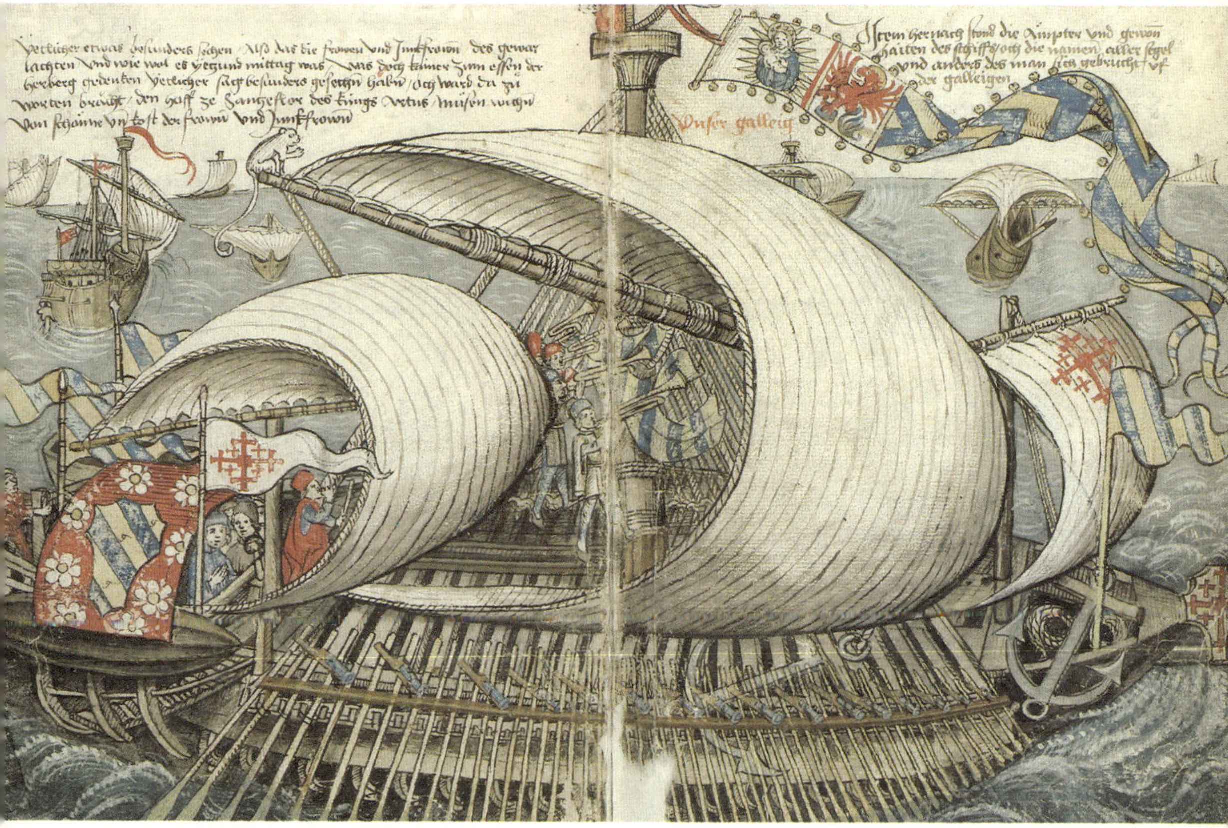

[威尼斯运送十字军的船只——油画]

马帝国皇帝、德意志国王的率领下进行。大军从陆路出发进攻，结果有 2/3 的军队在半路掉队脱离，补给困难使得德意志骑士在安纳托利亚被土耳其人碾碎，而圣殿骑士团与医院骑士团对大马士革的攻击亦无功而返；这次远征也就这样不了了之。罗马教皇的权威也因第二次十字军东征的惨败而跌至谷底。

第三次十字军东征于 1189 年开始，这次东征的起因是 1187 年伊斯兰各国联军攻占了圣城耶路撒冷。圣城陷落的消息震动欧洲，在罗马教皇格列高利八世的号召下，集结了由神圣罗马帝国皇帝“红胡子”腓特烈一世、英国“狮心王”理查一世、法国“尊严王”腓力二世等组成的豪华阵容，共计 3 万大军开拔前往耶路撒冷。虽然圣城陷落导致威尼斯在巴勒斯坦地区的贸易特权被阿拉伯商人夺走，但威尼斯这次同样没有加入十字军，因为从一开始他们就不相信这支巨头林立的联军能够取得胜利，因此只是悄悄地活动着，还暗中与伊斯兰教徒签署了一些贸易密约。第三次十字军东征果然如威尼斯所料，连圣城耶路撒冷都没有占领，大军就因内讧而自动崩溃了。

[教皇英诺森三世]

1198 年当选罗马天主教教皇。在位期间教廷权势达到历史上的顶峰，积极参与欧洲各国的政治斗争，曾迫使英国、丹麦、葡萄牙、瑞士等国王称臣。

1199 年，英诺森三世第一次向整个西欧的教会征税，这个制度后来固定了下来，成为压在人民头上的“十一税”。教皇的腰包鼓了，说话行事也更有底气了。

[红衣主教——电影《天使与魔鬼》剧照]

亢奋的年轻教皇英诺森三世发出了东征的集结令

时间来到 1198 年 8 月，罗马教皇英诺森三世再次向基督教的信众们，发出东征的集结令，这已经距离第一次东征攻克耶路撒冷一个世纪之久了。

在过去的 100 多年间，十字军东征曾经打下的地盘逐渐走向崩溃，不仅圣城耶路撒冷被夺走，就连原来攻占的城邦也只剩下几个定居点，再一次的东征不仅要收复圣城，还要让十字军的势力范围再次辉煌如前。

亢奋的年轻教皇

当时，英诺森三世 37 岁，年纪轻轻却才华横溢，他不仅是一位宗教学大家，还是一个高明的法学家。他认为需要一次军事冒险，以便能够在逐渐世俗化的世界里进行道德的重构。并且，他认为十字军东征不仅是欧洲各国的任务，也是教会的事业。

于是，英诺森三世发布了这样的命令：

第一，他会派出教皇代理人红衣主教，跟随十字军东征，并指挥作战；

第二，欧洲各个教会的教众，都要担起布道使的职责，游走于基督教的世界，宣传第四次东征，充分调动教众的热情；

第三，派一个红衣主教去寻找能够运送军队到东方的国家——威尼斯，将十字军通过船运到东方。

亢奋的东征参与者

罗马教皇的命令发布后，基督教世界开始沸腾起来，各地的布道使纷纷投入到十字军的招募和筹备之中，而且这次东征的热情高涨，比如，在当时法国香槟城中的一场盛大的马上枪术比赛上（香槟城就是如今位于法国东北部的兰斯），参与比赛的除了有香槟伯爵蒂博、布卢瓦伯爵路易和法国国王菲利普 · 奥古斯都的外甥等年轻的贵族们，还有不少优秀的法国骑士们，场面相当热闹，而比赛一结束，人群中的布道使站了起来，大声用雄辩的语言，轻易地点燃了这些年轻人的心，令他们对此次东征跃跃欲试。

第一个宣布参加东征的就是香槟伯爵蒂博，布卢瓦伯爵路易也参加了进来，紧接着 30 多位王公、骑士们纷纷宣誓加入。一天后，这些好消息就送达教皇处。而这仅仅是法国香槟城的一个布道使的成绩，而其他城市的布道使们也都在进行着他们的工作。可见这次十字军东征，让欧洲的年轻贵族们都亢奋起来。

香槟伯爵蒂博

蒂博是厄德一世的长子，继承了父母的香槟伯爵爵位。他一直积极主动地响应十字军东征的号召，蒂博第一位游说的就是他的姐夫——佛兰德斯伯爵鲍德温。他这位年仅 27 岁的姐夫又带着他的弟弟与其他近 40 位骑士加入了十字军。之后，蒂博又开始给其他与之交好的伯爵写信，他的信中的文字朴素而且积极，所以但凡有点名气的骑士，没有人拒绝香槟伯爵的邀请。

香槟伯爵跟如今的香槟酒没有太大的关系，这是法国中世纪时期的一个贵族封号，香槟伯爵的封地就在香槟城，地盘大概是在当今的香槟－阿登大区。

眼盲心不盲，91 岁的威尼斯元首不太好对付

当罗马教皇的使者来到威尼斯之后，见到了一位 91 岁的失明老人——恩里科 · 丹多洛。

眼盲元首

恩里科 · 丹多洛是在 1192 年被选为威尼斯新一任元首的。他出生于 1107 年，系出名门，他的家族涌现过许多律师、知名商人和教士，并且他的家族和威尼斯过去的 100 多年中所发生的重大事件都有交集。这是一个对威尼斯做出过贡献的家族，而恩里科 · 丹多洛接任元首可以说是众望所归。

[威尼斯总督恩里科 · 丹多洛]

有人说，选领袖要更多地倾向于年轻人，因为年轻人更勇敢更有激情，但年轻人也缺乏经验，这是年轻人与年长者无法相比的“短板”，所以，在任命执政官时，威尼斯长期秉承挑选高龄而经验丰富的人。

未上位之前，恩里科 · 丹多洛曾多次代表威尼斯出使过拜占庭帝国、费拉拉等国家，就更好地与他国贸易做出了积极的努力。接任元首之后，他在国内做了多项改革，比如改

❖ 恩里科·丹多洛在出任拜占庭帝国大使的时候，正好遇到1171年拜占庭帝国全面驱逐残害威尼斯人的事件，他竭尽全力与蛮横无理的拜占庭帝国进行交涉，但仍无法保全威尼斯人在拜占庭帝国的地位，有传言丹多洛的眼盲是在此时被拜占庭帝国刺客杀伤所致，但未获得丹多洛本人回应。

❖ [格洛索银币]

格洛索银币的正面是威尼斯城的“保护神”圣马可，他直立着，正在把一面长杆军旗交给威尼斯元首。元首右手接过军旗，左手拿着有关元首誓言的羊皮文件。

❖ 格洛索银币的起源可追溯到恩里科·丹多洛时代（1192—1205年）。这种币制的确立极为重要，整顿了当时混乱而质劣的货币，大大提高了威尼斯共和国的声望，加强了其政治和经济实力。

革制度、发行硬币等一系列有利于促进东方贸易的政策。

但是英雄迟暮，恩里科·丹多洛被选为元首时就已经85岁了，如今又过去了6年，称他为耄耋老人，完全不过分。虽然恩里科·丹多洛是一个失明老者，但却是一位不太好对付的精明元首。

与教皇使者的心理战

当教皇的使者红衣主教索弗雷来到威尼斯之后，要求元首立刻召开内阁会议，当众宣布教皇的意思，但这位元首老人拒绝了使者的要求，称这么短的时间，没法召开像样的会议，需要等4天之后再开会。

精明的恩里科·丹多洛没有立刻召开内阁会议的原因，不是因为时间仓促，而是因为威尼斯需要时间就本国的立场和意向做秘密的决议，不明就里的使者在元首的官邸被盛情招待了4天。

9.4 万马克的豪赌：集中全国的力量签订《威尼斯条约》

9.4 万马克的报价

4天后，威尼斯内阁会议顺利召开了，使者索弗雷宣读了教皇的请求和意向，需要委托威尼斯提供运载4500名骑士、2万名步兵、4500匹马以及9000名马夫的船和他们所需要的粮食。

听到这里，恩里科·丹多洛便接话说需要时间进行计算，因为教皇使者的话说起来简单，可船需要船员和水手，航行中还需要粮食，需要准确地核算运输所必需的人力和物资。

❖ 1195年，丹多洛宣布增发国债，以此募集资本，囤积贵金属库存，并推出两款新的货币：“格洛索（Grosso，意为大钱）银币”与“皮可洛（Piccolo，意为小钱）铜币”，重量、纯度均经过严格控制，维持98.5%的纯银与纯铜成分，从此威尼斯政府支薪与付账一律改用这两种国产货币。

[木刻威尼斯帆船，1880年出版]

8天后，威尼斯给予教皇使者答复，威尼斯将以每匹马4马克、每个人2马克的价格，为教皇提供运载服务，为期一年，总费用算下来是9.4万马克。

教皇使者考虑一个晚上后竟然就同意了

索弗雷听到这个天文数字后目瞪口呆，当时就算把整个西欧全部财产加起来，也凑不出9.4万马克的现金可以支付，事实上，当时十字军的“全部预算”一共只有5万马克。

威尼斯提出了这么大一笔费用，然而，索弗雷仅经过一夜的考虑就答应了威尼斯的方案，这一点，就连威尼斯元首恩里科·丹多洛都略感惊讶，怎么这么爽快呢？

这是因为，索弗雷对于威尼斯提供的一个附加服务条件非常高兴，内容是这样说的：“威尼斯将免费提供50艘帆船和6000名士兵为十字军服务，而且是不管去往何方，都会无条件遵循合同。”

因为这些免费的船和士兵，让代表十字军一方的教皇使者索弗雷非常满意，并且他盘算好了，这些士兵和船在东征过程中有大作用。

然而这么大一笔支出，十字军这边无法一次性支付，威尼斯答应索弗雷，也就是十字军的代表，可以将酬劳

[十字军团之医院骑士团标志]

医院骑士团成立于1099年，最初是由法国贵族杰拉德（Gerard）和几名同伴在耶路撒冷的施洗者圣约翰教堂附近的医院里成立，主要目的是照料伤患和朝圣者。
医院骑士团最初的标志是黑底白色的八角十字，到13世纪中期开始普遍使用红底白色的八角十字，这种八角十字也因骑士团之名被称为“马耳他十字”。

[十字军团之圣殿骑士团标志]

圣殿骑士团是法国中世纪天主教的军事组织，是著名的三大骑士团之一。其成员称为“圣殿骑士”，特征是白色长袍绘上红色十字。他们是十字军中最具战斗力的一群人。

[十字军团之条顿骑士团标志]

条顿骑士团的全称是“耶路撒冷的德意志圣玛丽善堂骑士团”，简写为OT。条顿骑士团旗帜上的十字跟一般的十字不一样，它偏向左边而不是左右对称。它于1198年在巴勒斯坦建立，主要由德意志骑士组成，着白色外衣，佩戴黑色十字章，白色斗篷上绘有红色宝剑和十字。

拆成四批分期付款，另外如果有临时周转，还可以向威尼斯借贷。

9.4 万马克的豪赌

这笔为期一年的交易，虽说对威尼斯来说，是个巨大的机遇，但是同样也是一项巨大的冒险。因为要完成这笔交易，就需要集中整个威尼斯的力量，虽然这仅仅是威尼斯和十字军一年的合约，但是威尼斯却要用两年时间提前做准备工作，如造船、安排后勤、招募水手、采购食品等。

如果将这个协议看成是一个国家的军事行动，那没什么可说的，若是将其看成是一笔生意的话，那就隐藏着巨大的风险了。因为这笔生意几乎集中了威尼斯全国的男性参与此事，而且几乎全国的船只也都要参与其中。

万一协议有变动或者十字军东征遇到阻力而中断协议，那对威尼斯来说将会是全国上下的灾难。所以，精明的威尼斯人在与十字军的协议中加入了“如果协议有变化，就要战争收益的一半”的补充条款。威尼斯元首恩里科·丹多洛在合约中加入这些内容时，还颇有些担心，不过教皇使者索弗雷同意了这个条款，并在后人所称的《威尼斯条约》上正式签字并加盖了大印。

《威尼斯条约》规定，十字军将在1202年6月24日，也就是圣马可诞生的那天在威尼斯集结，舰队也会在那时整装待发。

出师不利：香槟伯爵病逝，骑士们纷纷爽约

香槟伯爵出师未捷身先死

香槟伯爵蒂博第一个宣誓参与十字军，之后又为东征事业东奔西走，于是成了第四次十字军东征的主帅。

就是这样一位年轻并且热情的贵族，却在之后一病

不起，身体也每况愈下，蒂博感觉自己时日不多，而东征的事业尚未开始，自己也无法参加，于是他就将准备带去远征的财物分发给他手下的骑士，并要求他们向神发誓，务必要在规定的日期前到达威尼斯。

或许是做好了一切的安排让蒂博心愿已了，不久，他就去世了，可是分到财物的骑士们却没有遵守自己的誓言，钱装进了口袋，人却没有出现在威尼斯。

[马背上的香槟伯爵蒂博]

尚未出征，主帅就病死了，这或许预示着第四次十字军东征并不会顺利，但是被布道使们调动了极高热情的骑士们，并没有因为失去主帅而难过太久。之后孟菲拉特侯爵博尼法斯成了十字军新的主帅。

佛兰德斯公爵的爽约

佛兰德斯公爵及其弟弟曾手按《圣经》向神宣誓，会在规定的时间内到达威尼斯。他曾和十字军使者说过，自己的大部分行装，将交由走海路的骑士带去威尼斯，而自己会率领大多数的佛兰德斯骑士，走陆路赶往威尼斯。

时间来到了 1202 年 4 月，已经超过了佛兰德斯公爵预期到达威尼斯的日期好多天了，可众人左等右等，佛兰德斯公爵以及他的骑士船队始终都没有到来。那这批人去哪了呢?

原来佛兰德斯公爵率领他的骑士军队来到了叙利亚，在那里与阿拉伯人打了一仗，但是出师不利，被阿拉伯人打得一败涂地，骑士们被杀的杀，伤的伤，侥幸活下来的人好不容易逃回了佛兰德斯。这就是这批人的“远征”。

[十字军团之宝剑骑士团标志]

宝剑骑士团于1202年建立，参与了当时的北方十字军，并征服了波罗的海东岸的异教徒，使其皈依基督教信仰，骑士团实力达到顶峰。1236年宝剑骑士团在与萨莫基西亚人的苏勒战役中惨败，骑士团成员全部并入条顿骑士团，1237 年改称利沃尼亚骑士团。

[十字军骑士壁画]

马赛是法国历史上最悠久的城市，始建于前6世纪，后衰落几乎绝迹，罗马帝国灭亡后，这座城市落入西哥特人之手，法兰克王国于6世纪中期夺取了马赛。皇帝查理曼和加洛林王朝赋予马赛民事权，它在中世纪一直是法国重要的贸易港口。

[油画《博尼法斯成为十字军统帅》]

当第四次十字军东征的原统帅香槟伯爵蒂博病逝后，博尼法斯被选为统帅。他的侄子鲍德温和康拉德曾是耶路撒冷国王。

骑士们爽约

距离十字军约定出发的日子越来越近了，性急的骑士们已经开始急匆匆地向威尼斯赶去，威尼斯的大街小巷中聚集了很多十字军战士。可是，法国的一些骑士却迟迟未到威尼斯，于是就有人联系到了他们，这些法兰克骑士承诺说会在马赛乘船到莫东，与十字军大部队集合。这些人直到最终，不管是在威尼斯还是莫东都没露面。

随着十字军东征的时间临近，聚集到威尼斯的骑士虽然在缓慢增加，但人数远远不如之前承诺的那样多，十字军使者们纷纷催促那些尚在途中的人们。

勉强凑了一万多人

曾虔诚地向神发过的誓言仿佛还在昨天，但是这些人已经开始背信弃义，像布卢瓦伯爵路易则是直接玩消失，使者好不容易找到了这位正在度假的伯爵，这才将他迟迟不愿出征的军队，督促到了威尼斯。因为各大贵族先后表态退出，第四次东征的十字军的士气急速崩溃，

[聚集到威尼斯的十字军人数在增加]

[十字军士兵]

差点成为第一支还没出征就自行解体的十字军，最后勉强在孟菲拉特侯爵博尼法斯的组织下，拼凑起一万多人的军队。

[博洛尼亚大学徽标]

博洛尼亚是古罗马艾米利亚大道上的一座中心城市，在地理位置上，博洛尼亚是连接北部和中部的交通要塞，来自各地的文化在这里碰撞，比如哥特式、拜占庭式、文艺复兴式等，种种思潮和艺术汇集在这里，人们自由地将其吸收、同化。

这座城市最著名的就是博洛尼亚大学，其历史非常悠久，是世界上第一所大学，创建于 1088 年，至今已有 900 多年的历史。其中最早有记载的学者有佩波内、依内里奥和格雷茨亚诺等。1988 年 9 月 18 日，博洛尼亚大学建校 900 年之际，欧洲 430 个大学校长在博洛尼亚的大广场共同签署了欧洲大学宪章，宣布博洛尼亚大学为欧洲“大学之母”，即欧洲所有大学的母校。

[十字军东征时期货币之一]

十字军没钱付账，成了威尼斯的帮凶

之前三次十字军东征，是没有取得大的战果，而这一次则夸张到人连来都不来，由于出现了这么多背信弃义的人，因此来到威尼斯集合的十字军战士，与当初报给威尼斯的人数相比连 1/3 都不到。这样小规模的十字军队伍，对威尼斯来说隐藏着巨大的危机。

为十字军东征精心准备，耗资巨大

为了运送东征的十字军士兵和马匹，威尼斯需要准备不同类型的船只。

圆船是用来装载 4500 名骑士和 2 万名步兵的，因为这种船有艏楼和艉楼，而且根据身份的区别，船的制造尺寸也不一样。为了让贵族骑士乘坐舒适，威尼斯特意制造了一些极其庞大的豪华船只；士兵和普通骑士会乘坐标准的运输船，而马匹则被装运在 150 艘经过改装的桨帆船里，船侧或船道将有铰链式的门，以使马匹在被赶进船舱后，用吊索拴住马绳，防止海浪的颠簸。

另外，为了给这支庞大的舰队提供给养，威尼斯精细地计算了每个人一年的口粮：包含 377 千克的面包、200 千克谷物和豆类、300 升葡萄酒。为了搜罗这些粮食，他们从博洛尼亚、克雷莫纳、伊莫拉、法恩扎等多地搜集食物，将小麦在威尼斯的烤炉里加工成航海饼干……除此之外，还有许多木匠师傅、裁缝工人、制绳工人、制帆工人、厨师，以及为了运送木材的船夫，每一项都需要威尼斯支付薪酬。

法恩扎，意大利北部一座具有丰富历史的小城，有丰富的农作物以及陶瓷、金、铜、木器等，另外这里有熟练的炼硫技术，相传拜占庭帝国使用的希腊火的原材料之一就是此地的“硫”，另外这里还盛产葡萄酒等，所以这里成了十字军出征前补给的一个重要城市。

[伊莫拉的古城堡，达·芬奇设计的城堡防御系统]

伊莫拉，位于意大利中北部桑泰尔诺河畔，历史可以追溯到古罗马帝国时期。达·芬奇曾经帮助伊莫拉设计了抵御外侵的防御系统。这个小镇一直以来是农业和商业中心，尤其以陶瓷著名，当时很多欧洲教堂均使用伊莫拉的瓷砖，而如今我国进口的意大利瓷砖，大部分都出自于此。

马克是古代欧洲的货币计量单位，符号为£，最初相当于8金衡盎司（249克）纯银，后来演变为半磅。“马克”作为古代货币单位名称，曾通用于古代的欧洲西部地区，包括英格兰。1192年英格兰国王“狮心王”理查在德意志被俘后，向神圣罗马帝国支付了15万马克赎金后才被释放。

[演奏小提琴与大提琴的天使——意大利圣母教堂穹顶上的1535年的绘画。这是已知最早的关于描绘提琴的绘画]

克雷莫纳是意大利北部的一座城市，建于前218年，是重要的农产品集散地与加工中心，中世纪十字军东征时候的给养采购地。除此之外这里还是小提琴发源地，被称为“小提琴之都”，出产全世界最优秀的小提琴、中提琴、大提琴。

里外不是人的威尼斯元首

一年前，在教皇的使者来到威尼斯洽谈这些十字军的运送任务时，作为威尼斯元首的恩里科·丹多洛为了促成贸易，举全国之力将大船造好了、粮食准备齐了，十字军却没有来齐，还差了这么多，这笔生意怎么继续进行下去？威尼斯人这一年多没有任何收益的账该怎么算？

于是，威尼斯人愤怒地向元首质问：该怎么办？恩里科·丹多洛明白，这次的事件，教皇也无能为力，不来的人就是不来，也不可能派人去抓，而且都是些有头有脸的贵族，接下来该怎么办呢？

[13 世纪十字军战士，1880 年出版的手绘木刻画]

兑账约定：扎拉港躺着中枪

时间一天天过去，很快就到了十字军预先约定出发的日子，可眼下只有 1.2 万名士兵，这让教皇的使者和一些十字军的指挥官非常难堪，但是又不知道该如何解决，只能希望威尼斯方再等等。

然而，这些已经来到威尼斯的人，也没能把自己的伙食费交全，他们有些甚至都是两手空空的到来，而且还要威尼斯提供生活服务，而十字军使者们还让威尼斯人等待更多十字军骑士的到来。

威尼斯人愤怒了，因为这些士兵在威尼斯吃喝拉撒，却从不提支付费用的事。

直到当年 9 月，距离约定出发的时间都已经过去 3 个月了，十字军才准备开始东征，此时威尼斯元首恩里科·丹多洛，给十字军的使者和各指挥官们算了一笔账，几个月来士兵们在威尼斯的生活费加上运送费用，扣除在签约时，十字军支付的 2.5 万马克的定金，现在十字军还得支付给威尼斯 8.7 万马克。这么多欠款去哪里凑呀？

为了东征，十字军指挥官和使者们筹了 5.1 万马克，可是离欠款总额还差很远，于是威尼斯元首提出了两种解决方案：

一是威尼斯收下目前十字军凑齐的 5.1 万马克，此前运送十字军的协议就此作废；

二是可以暂时搁置欠款的事，先出征，但是十字军要帮威尼斯打下扎拉港，作为 3.6 万马克欠款的补偿。

其实这件事看上去，应该选择前者就结束了，因为十字军东征人数不足，钱也不够，还搞什么东征？但是，十字军使者和指挥官们考虑的是：“之后，他们将会把我们看作流氓和骗子！”所以他们用崇拜的心情感谢丹多洛的宽限，同时也就意味着，他

[十字军东征前，圣马可教堂内的礼拜——木版画]

[十字军东征——油画]

此画陈列于大特尔诺沃地区历史博物馆中，描绘了 1205 年 4 月发生在十字军东征路上的想象场景。

圣马丁节盛行于欧洲，从中世纪直到近代，在受拜占庭影响的基督教会，圣马丁节从 11 月 11 日开始，延续 40 天，人们进行斋戒；而在东正教会，斋戒是在圣诞节前夕才开始的。不论哪种情况，在斋戒的最后一天，类似于狂欢节。

们选择了后者：帮威尼斯打下扎拉港。价钱谈拢了，随后就在 9 月 8 日的圣母日，来到此处的骑士们和威尼斯人在圣马可大教堂做了礼拜仪式，然后在欢声笑语中商定了出海的日期。

第四次十字军东征第一战：帮助威尼斯进攻扎拉港

扎拉港位于亚得里亚海东岸，是威尼斯建设海上高速公路上的一座重要城镇。由于匈牙利王的挑唆，扎拉港成为与威尼斯敌对的城镇。对于威尼斯而言，丢失扎拉港，等于是海上高速公路被拦腰截断，因此无论如何都要夺回这里。

[进攻扎拉——油画]
安德里亚·米希利（约 1542—1617 年）所作油画。描绘了 1202 年第四次十字军东征中，威尼斯元首恩里科·丹多洛带领十字军突袭扎拉。

[扎拉港地标性建筑——威尼斯建造的城墙]

扎拉投降并宣誓效忠威尼斯

威尼斯和十字军的舰队在圣马丁节这一天，进入了扎拉的港口，他们突破了封锁港口的铁链，长驱直入，将数千十字军士兵送上了岸，在扎拉城门外搭建了简易帐篷，其密密麻麻的景象，令小小的扎拉城内的居民开始恐慌。

这种恐慌正是威尼斯所期待的。正如我国《孙子·兵法》所云：上兵伐谋，其次伐交，其次伐兵，其下攻城。于是威尼斯元首开始向扎拉港内喊话，要求他们俯首投降，否则就要开始攻城了。

然而扎拉人民并没有因为恐慌而投降，十字军士兵经过5天的战斗，才将扎拉攻破，但是城内的扎拉人民和士兵仍然坚持反抗，于是，威尼斯元首下令摧毁扎拉港临海而建的一面城墙以示恐吓，这招奏效了，扎拉投降了并宣誓效忠威尼斯。

十字军进攻扎拉港，把信奉基督教的扎拉港也给“救赎”了

[教皇英诺森三世]

十字军东征的初衷是为了打击异教徒，救赎陷落的圣城耶路撒冷和那些“堕落”的灵魂，十字军却攻打了信奉基督教的扎拉港，把信奉基督的扎拉港也“救赎”了，这和十字军东征的初衷违背了。

很快，十字军进攻扎拉的事传到罗马，教皇知道后勃然大怒，宣布欲将所有的十字军战士逐出教会，这对十字军来说是个重罚。

事态严重，使得原本就不太和谐的十字军军队，发出了两种声音。以法兰克骑士为首的反对派坚定地认为，进攻扎拉是对十字军东征的背叛；而以威尼斯元首丹多洛为主的十字军领主们则认为，这只是一种正常的兑现诺言的行为。

[中世纪十字架]

惊慌的教皇使者跑回了罗马，向教皇说清了前因后果，教皇英诺森三世听后无奈地说道：“伤害的生命无法修复，但起码摧毁的城墙和抢夺的财富可以归还。不仅如此，不许再伤害扎拉。”

同时，教皇和使者们都不希望好不容易凑起来的队伍就这样土崩瓦解，所以纠结的教皇只能赦免十字军的罪，于是进攻扎拉的事就这样不了了之。

十字军帮威尼斯拿下扎拉后，就可以出海东征了，但由于时间已经来到了 11 月，这时候的海面不安全，于是这支大军只能待在威尼斯湾内度过整个冬季，等待第二年春天再出发。

扎拉港就是今天的扎达尔港，位于今克罗地亚境内，原本在威尼斯的统治范围内，1183 年发生暴动，脱离了威尼斯的统治，并将自己置于教廷和匈牙利王保护之下，为了防止威尼斯夺取，采取了严密的防御措施，使得威尼斯无法下手。

第 6 章
称霸地中海

OCEAN and CIVILIZATION VENICE

威尼斯人有一句名言："先做威尼斯人，再做基督徒。"他们是鲜有忠贞宗教信仰的商人，利益才是他们最重要的追求。第四次十字军东征的队伍名义上是受命于教皇，用以打击异教徒，收复圣城。但是威尼斯人却用金钱操纵着他们，将其发展成了"雇佣军"，成为打击异己、掠夺财富的工具。

放弃攻打埃及的秘密盟约

寒冷的冬季实在不适合出海，于是十字军猫在威尼斯湾过冬，光阴如梭，一晃来到了 1203 年春天，因为十字军无法支付大军在威尼斯过冬以及新增加的支出，这难坏了十字军的首领和教皇的使者们。威尼斯人虽然什么话也没说，但是，十字军方面却没有想到合理的解决办法，导致东征日期一拖再拖。

在威尼斯等待的十字军正无所事事，闲得无聊之时，遇到了逃亡的拜占庭帝国前朝王子阿历克塞四世·安杰洛斯，十字军东征打击异教徒，救赎那些"堕落"的灵魂的故事，又将被改写。

阿历克塞王子的请求

阿历克塞四世的父亲伊萨克二世原本是拜占庭帝国的皇帝，但是被其弟弟阿历克塞三世，也就是

[阿历克塞四世]

君士坦丁堡是当时基督教世界最大的城市；虽然以它为中心的帝国已经萎缩不少，但仍然控制着地中海东部的绝大部分地区，从科孚岛到罗得岛，从克里特岛到黑海沿岸、小亚细亚大部和希腊大陆。城市人口有 40 万 ~ 50 万；而当时的威尼斯和巴黎都只有约 6 万人口。

[拜占庭帝国金币上的伊萨克二世]

1185 年年底，原属拜占庭帝国统治下的瓦拉几亚和保加利亚发动叛乱，1187 年，拜占庭帝国皇帝伊萨克二世任命其弟阿历克塞三世为镇压保加利亚人反叛的指挥官，但他却倒戈相向。

阿历克塞三世带兵进攻拜占庭帝国首都君士坦丁堡；伊萨克二世为了应付阿历克塞三世的反戈，不得不暂时承认保加利亚第二帝国的建立。

1195 年伊萨克二世准备讨伐进攻保加利亚时，其弟阿历克塞三世发动叛乱夺走了皇位，并将伊萨克二世弄瞎。

阿历克塞四世的叔叔夺去了皇位，他将伊萨克二世剜去双眼并关入监牢，连阿历克塞四世也未能幸免，一度也被囚禁，后来为父亲身边的亲信所救这才越狱成功，躲在商船里，逃到了威尼斯。

来到威尼斯的阿历克塞四世，看到十字军的窘境，顿时有了利用十字军报仇的心理，于是他恳请十字军的首领孟菲拉特侯爵博尼法斯“把十字军进攻埃及的计划改为进攻君士坦丁堡，帮助他杀死叔叔，重新回归正统”，并且还开出了以下几个诱人的条件：

1. 支付 20 万马克；

2. 为十字军攻打埃及提供 1 万名士兵及所有开销，同时派出征战的干将；

3. 只要他能再掌权，就保证组织 500 名骑士常驻耶路撒冷，保护圣地；

4. 将东正教并入罗马教皇的统治之下。

十字军的首领孟菲拉特侯爵想赚这笔钱

面对阿历克塞四世开出的条件，十字军的首领孟菲拉特侯爵不但欣然答应，而且还积极地去说服那些动摇不定的骑士们。孟菲拉特侯爵的理由是：虽然帮威尼斯打下了扎拉港，支付了前面的欠款，可是十

[十字军骑士]

[阿历克塞三世]

阿历克塞三世，他在废黜、刺瞎并囚禁他的兄弟伊萨克二世之后登上帝位。在他统治期内发生了第四次十字军东征，十字军帮助阿历克塞四世攻占了君士坦丁堡，并最终使得拜占庭帝国崩溃，分解为多个小国家。

字军在威尼斯过冬又欠下了很大一笔费用，假如可以获得阿历克塞四世给出的 20 万马克，便可以清偿威尼斯的全部债务，同时还能让军队的境况得到改善，而且，如果攻下了君士坦丁堡之后，阿历克塞王子还提供远征埃及的部分兵力与开销，对十字军的战斗力有非常好的保障。其中最关键的是最后一条，罗马天主教与希腊东正教的合并，这是历代教皇都未曾达到的心愿，而只要帮助阿历克塞王子打下君士坦丁堡之后，就能实现。

拜占庭帝国皇帝阿历克塞三世得知十字军改道欲攻击君士坦丁堡后，曾试图贿赂十字军，不过他的行动失败了。

虔诚的法兰克骑士们认为应该去攻打等待被救赎的埃及

但是，虔诚的法兰克骑士们认为，按教皇英诺森三世的指示，十字军是要去救赎那些被侵占的城市，应该是攻打被穆斯林控制的埃及，之前帮威尼斯攻打扎拉就已经让这些骑士们内疚不已，而现在又要攻占拜占庭帝据说在第四次十字军东征时，因为有 500 多个骑士无法忍受攻打君士坦丁堡的行为，他们抢了威尼斯的战舰，企图靠自己的力量渡海去攻打埃及，但是由于他们的航海技术不行，最后全都葬身海底。

国的首都君士坦丁堡，就算他们信奉的是东正教，可这毕竟是基督教的城市，而王子的复国和十字军有何关系？难道十字军要像雇佣军一样打仗吗？

威尼斯人总是把利益放在第一位

利益至上的威尼斯人十分赞成攻打君士坦丁堡，其元首丹多洛认为，攻打埃及对威尼斯毫无利益可言，可能还要赔上一路的给养，而攻打君士坦丁堡就不一样了，之前拜占庭帝国皇帝曾禁止过威尼斯商人在君士坦丁堡进行贸易，虽然后来又放开了这个贸易的权利，但是，如果能通过十字军将君士坦丁堡打下来，以后就彻底无需担忧被禁止了。从另一个角度说，威尼斯这一次投资十字军将有巨大获利。

随后，作为十字军首领的孟菲拉特侯爵博尼法斯和资助方威尼斯元首丹多洛，达成攻打君士坦丁堡的共识，其他如佛兰德斯伯爵、布卢瓦伯爵等这些十字军的首领们也都投出了赞成的一票，攻打君士坦丁堡的秘密盟约就这么达成了。

[君士坦丁堡军用城门]

文明之眼

君士坦丁堡的坚固城防

君士坦丁堡，又译康斯坦丁堡，是今天土耳其城市伊斯坦布尔的旧称。在其1600年的漫长历史中，曾先后成为罗马帝国（东、西罗马分裂前罗马帝国已迁都于此）、拜占庭帝国、拉丁帝国（第四次十字军东征时为取代东正教的拜占庭帝国而建立的天主教国家）和奥斯曼帝国的首都。这座城市给所有的入侵者设置的层层防御工事，来自于许多不同的时期。

拜占庭城墙

在古罗马时期，这座城市就是繁荣的贸易场所，它有着早期最原始的防御工事。

前7世纪左右，当时墨伽拉的希腊殖民者建立了这座城，当时名叫拜占庭，只有一座城堡和少量城防设施。

君士坦丁城墙

330年，君士坦丁大帝将罗马帝国的首都从罗马城迁至拜占庭，这座城市开始被称作“君士坦丁堡”。为了巩固防御，他建立了这座城市的第一面墙——君士坦丁城墙。君士坦丁城墙于324年开始建造，这面城墙是单面墙，其位置大约在从金角湾海墙的普拉蒂亚城门至普罗潘提斯城墙圣阿米尼林斯城门为止。

[狄奥多西城墙]

狄奥多西城墙与之前的城墙不同，它是双层城墙，狄奥多西城墙的外墙和护城河距离约为15米，形成内城台，内城台有一条沿着城墙延伸的道路。护城河宽20米，水深10米，河内侧有一道高1.5米、有射击口的墙壁，这是君士坦丁堡的第一道防线。

狄奥多西城墙

408年，罗马皇帝狄奥多西二世为了防御安全，又开始建造新的城墙，其位置大约在原旧城墙以西的1500米。该时期所建的城墙被冠上了此时皇帝的名讳，所以称为狄奥多西城墙。

布雷契耐城墙

为了保护君士坦丁堡的西北角一座极其重要的教

堂，627 年，拜占庭帝国在这个位置建立了一道城墙。到了 814 年，又在这道城墙之外建立了一道墙，这就是布雷契耐城墙。这道城墙被后来建筑的一道城墙与希拉克略的城墙连成一线。即使是这样，布雷契耐城墙的防御仍弱于狄奥多西城墙。第四次十字军东征攻打君士坦丁堡时，士兵们就是从这里贯穿及涌入城市的。

到了 14—15 世纪时期，君士坦丁堡都被当时的执政者再次修缮，加上当时这里经济繁荣，人口众多，称之为坚城，实至名归。

[布雷契耐城墙]

布雷契耐城墙最后毁于 1509 年的地震，但是这面城墙的城门还在，城门上悬挂的君士坦丁大帝雕像被替换成了十字架，因此，曾经君士坦丁城墙的城门，在奥斯曼时代被称为伊萨卡皮，即“耶稣之门”。

君士坦丁堡位于博斯普鲁斯海峡两岸。窄窄的海峡把君士坦丁堡一分为二：海峡西岸属欧洲，东岸则属亚洲。如今在海峡之间有一座大桥将整座城市连接，这座大桥也是欧、亚两洲分界的标志。

十字军进攻君士坦丁堡，初战告捷

1203 年 6 月底，为了财富和利益，威尼斯海军和十字军舰队来到君士坦丁堡附近的岛屿，威尼斯人对这座城市的轮廓很熟悉。在海墙之内是一座繁华的都市，宏伟的房屋鳞次栉比，最恢宏的要数圣索菲亚大教堂，它

[圣索菲亚大教堂]

那庄严的穹顶就像一位希腊作家所描述的那般，仿佛悬浮在空中。

十字军要攻下这样的城市，不太容易啊。

海路为先的作战计划

十字军虽然已经到达君士坦丁堡附近，但是却不知该如何进攻君士坦丁堡，因为十字军毕竟只有1万多人，对于攻打君士坦丁堡这样一个大型城市来说，战斗力并不算多强。

威尼斯元首丹多洛建议："对于这座城市，没有人比威尼斯人更了解，为了更加有效地使用兵力，十字军未必能够快速地通过陆路攻下君士坦丁堡，时间一长，

君士坦丁堡如今称为伊斯坦布尔，始建于前660年，当时希腊人在如今叫作"皇宫鼻"的地方依山筑城，取名拜占庭。330年，罗马帝国君士坦丁大帝从罗马迁都于此，将其重修，改名君士坦丁堡，别称新罗马。395年罗马帝国分裂后，成为东罗马帝国首都。

博斯普鲁斯海峡的神话传说：相传，众神之首宙斯为了隐瞒妻子赫拉，将情人伊奥变成了一头牛。赫拉知道后，变成一只牛蝇去叮咬变成牛的伊奥，伊奥为了躲避牛蝇，便跨过了一道水墙。在古希腊语里，"博斯（bous）"就是"牛"的意思，"普鲁斯（phoros）"为"水墙"之意，神话中所说的那道水墙便是今天的博斯普鲁斯海峡。

[加拉塔塔]

加拉塔是拜占庭帝国的一个地区，此地是由海进入君士坦丁堡的一条要道，这里有一座塔叫作加拉塔塔，最初是一座由拜占庭帝国皇帝在507年修建的木塔，在第四次十字军东征时被焚毁，直至1348年由热那亚人用石料重建。

还存在粮食等供给问题，所以应该选择从海路进军君士坦丁堡，因为附近岛屿众多，物资丰富，适合补给军粮。如果从海路进攻，我们可以先打下博斯普鲁斯海峡西岸的加拉塔，然后再集中军力攻城。”

所有的十字军将领听取了丹多洛的建议，开始按计划准备进攻。

攻城第一战——加拉塔之战，皇帝逃回了君士坦丁堡

君士坦丁堡人大量依靠中亚供给粮食，而博斯普鲁斯海峡是通往中亚的海上必经之路，在这个海峡西岸的加拉塔连接着拜占庭帝国的其他行省。

如果十字军和威尼斯海军攻占了这里，便可切断君士坦丁堡的粮食给养，同时可切断拜占庭帝国其他行省的援军。这里还能提供十字军充足的给养。

加拉塔有来自黑海方向的潮流，这里一向以水流湍急著名，即便不刮风，也是波涛翻滚。为了不让船被海浪冲散，通常行船都会将船与其他船绑在一起渡过博斯普鲁斯海峡。

1203年7月11日，十字军舰队将船捆绑在一起，缓慢地向加拉塔逼近，获得十字军来犯消息的拜占庭帝国皇帝阿历克塞三世，带兵赶到加拉塔堵截十字军，可老天不作美，这一天万里无云，十字军很快就靠近了加拉塔海岸，先头的十字军骑士们急不可耐地跳进齐腰的海水中，手持条枪飞身上马，冲向岸边的拜占庭帝国军队。

后面的步兵们呐喊着紧跟其上，弓箭如雨般地射向阿历克塞三世的军队，几个回合下来，拜占庭帝国一方就彻底乱了阵脚，眼看大势已去，阿历克塞三世逃回了君士坦丁堡。

[加拉塔大桥]

加拉塔大桥位于金角湾，由它连接着旧城和新城，此桥全长 484 米，被视作君士坦丁堡的代表建筑。

阿历克塞三世的军队虽然溃败了，但是加拉塔还有顽强抵抗的防卫军。他们的顽强并不来自于忠心，因为他们是从欧洲来的雇佣兵，所以能够支持他们顽强抵抗的应该是庞大的佣金。不过，即使这样也没能抵抗多久，到了第二天，这些人全部成了十字军的俘虏。

拜占庭帝国皇帝战败逃走，十字军大胜

十字军内部意见不合，海陆分兵

1203 年 7 月，十字军攻占加拉塔后，下一步就是攻打君士坦丁堡了，但是，就如何攻打君士坦丁堡的问题，十字军内部发生了分歧。

威尼斯人熟悉君士坦丁堡的防御情况，欲以船为依托，从金角湾一侧进攻，因为这一边的城墙最低，而且也是防卫最为松懈的。

十字军中的法兰克骑士们，却不愿意再通过海上攻击了，因为他们是骑士，他们的战马无法在船上驰骋，所以他们坚持选择从陆路攻击君士坦丁堡。

双方谁也没办法说服对方，只能分兵进攻。

[满身铠甲的十字军士兵]

[1204 年威尼斯进攻金角湾]

十字军中的法兰克骑士们选择靠近皇宫的城墙作为主攻方向

威尼斯从金角湾一侧开始进攻，而十字军中的法兰克骑士们则骑上战马，从平坦的大道上直接冲向了靠近皇宫的城墙。

这个时期的战争，除了使用刀剑等，一般还会使用传统的绳钩、用来投掷石头的投石器和用来射击的尖刺的弩等。

这些法兰克骑士们认为，那里只有一扇城门，相比其他的地方更直接。法兰克骑士们来到城墙下，沿途未见抵抗，于是准备安营扎寨，做攻城准备，正当法兰克骑士们放松警惕的时候，拜占庭帝国军队突然冲出城门，开始了反击，杀得这些法兰克骑士们措手不及。

原本想攻城的法兰克骑士们，此时只求自保，被拜占庭帝国的军队牵制住，日夜奋战，由于拜占庭帝国方面人数众多，而且粮食充足，法兰克骑士们疲于应付，很快就陷入了进退维谷的局面，而且无法抽身筹集粮食，眼看形势越来越危险。

威尼斯人使用各种发明攻打金角湾，高龄元首亲自督战

威尼斯舰队进攻金角湾：金角湾的入口处被粗大铁链封锁，阻止威尼斯舰队前进。威尼斯人将平底船中吨位最大的“老鹰”号撑满风帆，朝铁链冲去，铁链无法承受如此巨大的冲击力，于是断开，威尼斯舰队蜂拥而至，把停靠在金角湾里的拜占庭帝国舰队撞得七零八落，一艘接着一艘地沉入海底，金角湾内很快成为十字军的地盘。不过威尼斯人要想登陆还必须要攻破金角湾上坚固的城墙。务实的威尼斯人知道，他们的军队人数不占优势，要攻城就必须有效地提高机械化的程度。

防止希腊火：为了防止被拜占庭帝国的希腊火击中，威尼斯人将军舰的舰桥、甲板和桅杆等地方都盖上了浸湿的厚布和野兽的皮毛。

为了攻占金角湾城墙，威尼斯人还发明了一种新武器：将一些大船两两相连，组合起来。他们在这些连体船上安装了攻城平台，这些平台甚至可以升降，能将士兵一小批一小批地送到城墙所处的高度。凭借这样的装置，舰船上的士兵可以跳上高度与之相仿的金角湾城墙。同时安装攻城锤用来敲击沿海城墙。威尼斯人不必像骑士那样需要借助梯子等设置，便可以直接从船上攻击城墙上的守军。

威尼斯高龄元首亲自登上船头：威尼斯元首恩里科·丹多洛不顾自己的高龄及眼盲，颤颤巍巍地登上船头，向着金角湾

[攻城平台]

[攻城锤]

威尼斯这个时期的攻城船，有连体船，也有通过一艘大船，在两根桅杆之间搭建伸出去的平台，或者安装攻城锤，以便登城作战。

第6章 称霸地中海

[元首恩里科 · 丹多洛挥动圣马可狮子旗帜]

十字军东征是中世纪欧洲世界最大型的军事行动，最富有戏剧性和影响力的要数第四次东征。此次东征的与众不同之处在于改写了拜占庭帝国的发展轨迹。

在数次十字军东征时期，对拜占庭帝国的“顺手打劫”屡见不鲜，但是也只有第四次十字军东征对其产生了毁灭性的打击。

城墙挥动着圣马可狮子形象的国旗。

见此景，所有的威尼斯士兵都振奋了，他们勇敢地冲上了城墙，将威尼斯国旗插到了塔楼之上。势不可挡的威尼斯士兵，杀得守城军士丢盔弃甲，没用多长时间便攻下了 25 个塔楼。

金角湾一带的城墙很快落入了威尼斯人之手。威尼斯人开始在城区内烧杀掳掠，纵火焚烧市街，但是在拜占庭帝国皇帝以勇猛著名的瓦兰吉卫队出击之后，威尼斯人被杀得丢盔卸甲地逃回船上，坐镇旗舰的丹多洛总统听闻消息，震怒地带领舰队高官组成督战队登陆，好不容易才阻止了崩溃进一步扩大。

海陆合兵——战败的皇帝出逃

威尼斯人杀入城内的消息，传到了从陆地进攻的法兰克骑士那里，虽然后悔当初没有听威尼斯的提议从海路进攻，但这个消息同样振奋了这些法兰克骑士，他们与拜占庭帝国士兵再次厮杀在一起。

士气大振的法兰克骑士有着近乎鲁莽的勇猛，他们不可思议地正面攀上了狄奥多西城墙，这迫使拜占庭帝国军队把瓦兰吉卫队调回来。拜占庭帝国皇帝阿历克塞三世亲率 7500 人前往迎击法兰克骑士，却被勇猛的法兰克骑士们打退，这对守军的民心、士气还有皇帝本人的战斗意志都造成了极大打击。

威尼斯人得知法兰克骑士们这边的情况之后，放弃了占领区，火速加入了法兰克骑士们的战斗。在威尼斯的军队加入战

[电影中的十字军战士——剧照]

斗后，拜占庭人彻底败退了！阿历克塞三世在搜刮了宫中的财宝后，抛下城中数十万军民，偷偷搭船从君士坦丁堡南岸的方向，潜逃到色雷斯去了。

本来这就是一场争夺皇位的战争，如今拜占庭帝国皇帝阿历克塞三世都已经逃走了，战争也就没有再打的意义了，拜占庭帝国的大臣们一致决定，释放阿历克塞四世的父亲伊萨克二世，并重新拥护其登基，和阿历克塞四世成为拜占庭帝国共同的皇帝。至此，十字军圆满地完成了与阿历克塞四世的盟约。

未被履行的盟约引发的战争

阿历克塞四世在请求十字军帮助时，曾提出过 4 条盟约。如今，十字军圆满地履行了自己这方的责任，开始行使权利时，却发现根本不是那么回事了。

无法完成的盟约

阿历克塞四世承诺的4条盟约里，最难实现的有2条，其中第1条：向十字军支付20万马克。由于拜占庭帝国历任皇帝的任意挥霍，加上战争不断，现在国库空虚，根本无力支付这笔佣金，新皇帝只能加重赋税，以期以后偿还。

还有第4条：东西教会统一，这对于斗争了几百年的教会来说，根本无法实现。要原本带"正"字的东正教听从罗马教会的管制，这完全是痴心妄想。

索债无果，又被百姓误会，法兰克骑士纵火发泄

[暴戾的法兰克骑士放火烧了一些清真寺和犹太教堂]

伊萨克二世虽然和阿历克塞四世成为拜占庭帝国共同的皇帝，但因为此时的他年老体衰，拜占庭帝国的实

际权力被阿历克塞四世掌握。十字军开始频繁地往皇宫跑，为啥？为钱呗！开始阿历克塞四世还很有耐心地推脱，要十字军使者等等，并且会把手头仅有的钱支付给十字军，可拖的时间一长，阿历克塞四世开始摆起了皇帝的架子，拒绝面见十字军使者了。

[燃烧着的船正冲向金角湾]

双方陷入了僵持之中：一方面，十字军因无法获得阿历克塞四世承诺的报酬，大军迟迟不离开君士坦丁堡。

另一方面，拜占庭帝国国库空虚，新皇帝加重了赋税，百姓叫苦连天，把矛头指向了十字军，原本十字军是帮助阿历克塞四世报仇的，结果现在成了人人喊打的角色。这让性格暴戾的法兰克骑士们十分不满，他们一气之下放火烧了一些清真寺和犹太教堂。大火迅速蔓延，烧了整整 8 天。使得大量居民无法再继续待在君士坦丁堡，纷纷逃往十字军驻地避难，据统计有高达 1.5 万人逃往了十字军驻地避难。

怀疑是拜占庭人的报复，矛盾暗暗升级

1204 年 1 月，一个万籁俱寂的深夜，威尼斯的大量船只一如往常地停泊在金角湾，忽然有杂乱的尖叫声打破了夜晚的宁静，被惊醒的威尼斯人发现有好几艘燃烧着的船正冲向金角湾。这可不是好兆头，一旦这些着火的船只闯进船队，那么这里的威尼斯船将会被烧成一片。

在忙乱中，威尼斯人靠近火船，并想办法将其拉到一边，尽可能地减少战舰的损失，可即便如此，仍有 17 艘威尼斯船被损坏，还包括一艘满载货物的比萨商船。

[君士坦丁堡城墙]

这起纵火事故是否有拜占庭帝国皇帝的授意还未曾可知，但是却将双方的矛盾再一次加深。自此以后，拜占庭帝国方面公然开始了防御准备，而十字军方面也认为这场战争无法避免。

围攻君士坦丁堡：再次把拜占庭帝国皇帝打跑了

拜占庭帝国和十字军之间的矛盾一触即发，十字军方面觉得有必要开战，但怎么开战、何时开战、用什么样的理由开战？这些问题一直都困扰着十字军。就在这时，拜占庭帝国又发生了一件大事。

皇位再次易主，为十字军提供了出兵的理由

[阿历克塞五世]

1204年，阿历克塞五世利用民众的不满，领导君士坦丁堡居民起义，推翻伊萨克二世和阿历克塞四世父子两人的统治，同时拒绝了阿历克塞四世承诺给十字军的报酬。最后被十字军所擒，以谋害阿历克塞四世的罪名被处死。

1204年2月，阿历克塞三世的女婿阿历克塞·杜卡斯，利用民众的不满，领导君士坦丁堡居民起义，推翻了伊萨克二世和阿历克塞四世父子两人的统治。阿历克塞四世在沉睡之际被其勒死了，数日后伊萨克二世也去世了。阿历克塞·杜卡斯登基为帝，即阿历克塞五世。这个时代对于拜占庭帝国来说，真是多事之秋。皇帝从伊萨克二世到伊萨克二世的弟弟阿历克塞三世，阿历克塞三世逃跑后伊萨克二世重新登基，与其儿子阿历克塞四世共同为帝，最后到阿历克塞三世的女婿阿历克塞五世，短短的时间就有了4位皇帝。

十字军一直找不到理由出兵君士坦丁堡，现如

今皇帝易主，新皇帝阿历克塞五世又拒绝了阿历克塞四世承诺给十字军的报酬，同时犯下了杀人罪，这在基督教中是不可饶恕的罪过，于是十字军终于有了堂堂正正进攻君士坦丁堡的理由。

还未开战，就已经将君士坦丁堡瓜分了

1204 年 3 月初，十字军制订了详细的作战计划，这次威尼斯人和法兰克骑士一致同意从相对薄弱的金角湾开始进攻。作战计划制订完之后，对于战利品的分配情况也做了如下的约定：

1. 对于新皇帝的任命，由十字军和威尼斯方面各派出 6 个代表进行选举，而主教则由任命皇帝未成功的一方任命。

2. 君士坦丁堡的 1/4 和拜占庭帝国的 1/4 领土归新皇帝所有，其余的领土由十字军和威尼斯平分。

3. 城内财物的 1/4 留给新皇帝，其余的由十字军和威尼斯平分。

另外，威尼斯元首丹多洛又提出一个条件：凡被威尼斯视为敌对国家的商人，都不得在拜占庭帝国境内从事商业活动。这看似有点霸道的条件，却被十字军的其他领主们接受了，因为反正他们又不经商。

[战争中使用希腊火]

希腊火是拜占庭帝国所利用的一种可以在水上燃烧的液态燃烧剂，主要应用于海战中，希腊火多次为拜占庭帝国的军事胜利做出贡献，一些学者和历史学家认为它是拜占庭帝国能持续千年之久的原因之一，希腊火的配方现已失传，成分至今仍是一个谜。

拜占庭帝国的一位公主在 12 世纪初撰写的一部史书中，记录了与比萨人作战所用战舰上装备希腊火的情况。记载说：“皇帝知道比萨人擅长海战，因而对即将到来的战争甚感忧虑。皇帝命匠人用铜或铁，铸造起狮子或其他陆上猛兽的头像，兽口全部张开，然后把它们安装在每艘战船的船头，让人一看到它们，就会心惊胆战。随即，他命人在兽口之中接上管子，以便正对敌人喷射火焰，给人以野兽吐火的印象”，这是对希腊火仅有的记载。

[围攻君士坦丁堡——1204 年]

围攻君士坦丁堡：新皇帝阿历克塞五世也跑了

1204 年 4 月 6 日，第二次君士坦丁堡攻城战开始了。十字军吸取了上一次攻城的经验，威尼斯人和法兰克骑士同时从金角湾发起攻击。

一方面，威尼斯人根据上次攻城中出现的问题，完善并改进了攻城平台与其他攻城技术的配合。

另一方面，拜占庭帝国总结了上一次失败的防守经验，防守对策有了新的改变，使用了针对威尼斯攻城平台的防守方案。加上拜占庭帝国希腊火的攻击，致使十字军这边举步维艰，死伤的攻城士兵远超拜占庭帝国方面。

[改进后的攻城平台]

几番攻城进展甚微，这令十字军士气不振，只得边打边休息，等待机会。

直到 4 月 12 日，有几名威尼斯士兵成功地将十字军军旗插在了金角湾塔楼之上，此举虽然战果不大，却大大地提升了十字军的士气，而金角湾的守城士兵，见十字军军旗在塔楼上飘扬，都吓得失去了斗志，于是，十字军中的法兰克骑士和威尼斯战士，都冒死冲上了塔楼。

这时，拜占庭帝国的新皇帝阿历克塞五世见形势越来越不利，于是带着妻子逃出了城。皇帝逃走的消息传来后，城内的拜占庭帝国士兵迅速开始溃散，于是，十字军再次攻进了君士坦丁堡，而且几乎没有遇到什么像样的抵抗，这座城市就这样被攻破了。

[满身铠甲的十字军士兵]

瓜分拜占庭帝国：被基督教庇佑的城市，却被基督徒给毁灭了

按之前的约定，十字军将现金留出 1/4 给新皇帝，其余与威尼斯平分。然后十字军还从分得的现金中拿出 5 万马克，付给威尼斯，这笔钱包括了之前欠的 3.4 万马克，以及到达君士坦丁堡之后，因阿历克塞四世违约而由威尼斯垫付的军费。

洗劫君士坦丁堡，威尼斯获得巨额财富

城破之后，君士坦丁堡被洗劫一空，不管是教会还是宫殿都遭到抢掠。恢弘的圣索菲亚大教堂里面奢华的装饰被威尼斯人带回了圣马可大教堂，不能带走的古希腊、古罗马时代的雕像都被砸烂；许多古抄本被目不识丁的十字军战士扔进火中烧成灰烬。

除此之外，一些气派的民宅也未能幸免，民众家中的银器、地毯和一些由高级面料比如锦缎制成的服装、丝绸布料以及一些羊毛皮草统统被搜刮一空。

这些高举十字军军旗的信奉基督教的十字军战士，

[被洗劫前的君士坦丁堡繁荣景象]

在杀人方面丝毫不手软，整个城市到处都是咆哮的男人和尖叫的女人，血流遍地，君士坦丁堡这样一个被基督教庇佑的城市，却被基督徒给毁灭了。

在十字军肆掠过后，十字军的首领孟菲拉特侯爵颁布了一道命令，要求所有的战利品必须上缴，由各分支统领合理分配，若有私藏者一律处死。

瓜分拜占庭帝国：威尼斯变成了一个庞大的帝国

1204 年 10 月，拜占庭帝国被改名为拉丁帝国，按照之前的约定，进行投票选举皇帝，最后由威尼斯支持的佛兰德斯·鲍德温伯爵当选，即鲍德温一世。原拜占庭帝国的 1/4 领土归新皇帝，其余的 3/4 被十字军各王公、骑士瓜分。

佛兰德斯·鲍德温伯爵上位后，承认了之前威尼斯和十字军所签订的约定，自此以后，威尼斯的元首，除了有“威尼斯共和国元首”和“达尔马提亚公爵”的头衔之外，又多了一个“东罗马帝国部分疆域主权人”的新名号，而且之前在协议中也规定“凡威尼斯视为敌对国家的商人，不得在帝国内从事商业活动”，威尼斯成功地将以热那亚为首的竞争对手踢出了拉丁帝国境内。

这次对君士坦丁堡的洗劫，除了大量精美的战利品被运送至威尼斯外，威尼斯还获得了巨大的有形和无形的资产。一夜之间，威尼斯变成了一个庞大的帝国。

[佛兰德斯·鲍德温伯爵（鲍德温一世）]

佛兰德斯·鲍德温伯爵（鲍德温一世），是君士坦丁堡拉丁帝国的第一位皇帝。第四次十字军东征中最杰出的领袖之一，洗劫了君士坦丁堡，征服了拜占庭帝国的大部分地区，建立了拉丁帝国。

攻占君士坦丁堡后，有人希望拱威尼斯元首丹多洛出来竞选皇帝，但老丹多洛非常清楚拉丁帝国的皇位实乃天主教势力在东方的傀儡，是个既危险又麻烦的位置；但却也不能让十字军的统帅孟菲拉特侯爵当选皇帝，因为孟菲拉特侯爵与热那亚的关系匪浅，而且侯爵还娶了匈牙利公主为妻，难保他成为帝国皇帝之后，不会受热那亚与匈牙利煽动，与威尼斯翻脸。所以丹多洛动用经济实力密令所有威尼斯共和国派出的选举人，集中投票给鲍德温，同时贿赂贵族，暗中买庄，让鲍德温以压倒性的多数票当选拉丁帝国皇帝。

时任威尼斯元首的丹多洛，在次年（即 1205 年）客死在君士坦丁堡。不得不说，这个英明的老者，利用十字军东征的机会，为身居潟湖的威尼斯居民寻找到了一条非同寻常的强国之路。

[拉丁帝国徽标]

威尼斯称霸东地中海：建成东地中海海上高速公路

此时，威尼斯全国人口仅 10 万人，要想管辖拉丁帝国 3/8 领土这么大的疆域非常困难，所以，精明的威尼斯商人进行了取舍。

领地与贸易：只保留沿海的港口和适合建立港口的地方

除了那些商业及军事要地之外，威尼斯把瓜分拜占庭帝国所得的其他疆域，都交由法国管辖，威尼斯只保

[金角湾]

金角湾位于博斯普鲁斯海峡南口西岸，从马尔马拉海伸入欧洲大陆，长约 7 千米。这个角形的海湾将伊斯坦布尔的欧洲部分一分为二。金角湾在古代就是个重要的商业据点，如今则是伊斯坦布尔著名的观光景点。在金角湾附近的芬内尔和巴拉特周围，有很多拜占庭时代和奥斯曼时代的木造房子、教会、犹太教堂等。

留了沿海的几个港口和适合建立港口的地方，对于这以外的内陆领土，丝毫没有兴趣。甚至在君士坦丁堡，威尼斯也只要了金角湾边上靠近皇城的一带，因为那里适合建造码头；还有圣索菲亚大教堂的周边，这里用来作为威尼斯人的居住区。

就这样，通过第四次十字军东征，威尼斯将东地中海上的一些港口纳入势力范围，使得威尼斯商船在东地中海畅通无阻，完成了东地中海海上高速公路的建设。

克里特岛：威尼斯不惜重金换来的中转站

威尼斯成功打造了两条海上高速公路：一条是通往君士坦丁堡和黑海的航线，另一条是通往叙利亚和埃及香料市场的航线。而处在这两条重要海洋贸易路线十字路口的克里特岛，却在瓜分拜占庭帝国时落在孟菲拉特侯爵手中。

对于威尼斯而言，克里特岛不仅是战略要地，还是保证到埃及等北非沿岸城市进行贸易的中转站，于是威尼斯用属于他们的特撒利外加1万马克，从孟菲拉特侯爵手上换来了克里特岛，并在岛上建了多个城堡。

从此，这里成了十字军的港口，也是给他们提供补给的后勤站；是商品仓储和转运的中转站，也为过往的商用桨帆船提供维修服务。战备时，为整个爱琴海上的威尼斯海军作战提供支持与服务；朝圣时，信徒们乘船疲累了，可以在这里登陆歇息。

海上高速公路的成功建立，保证了威尼斯今后在地中海上航海的安全，并且充分拿到了地中海东部中心地区的贸易控制权，奠定了威尼斯繁荣的根基。

[米诺斯王宫科诺索斯遗迹]
克里特岛是地中海文明的发祥地之一，是爱琴海最南面的皇冠，它是诸多希腊神话的发源地，西方文明的摇篮，欧洲第一个有文字记载的文明是克里特岛上的米诺斯文明。1900 年，米诺斯王宫科诺索斯被发现，将希腊文明史推前了 1000 年。现在则是美不胜收的度假之地。这里曾经是东地中海地区奴隶交易中心，是海上贸易集散地。

[恩里科 · 丹多洛在罗马的雕像]

恩里科 · 丹多洛在威尼斯的影响力不可小觑，可如果在罗马也能让人竖碑，足见当时威尼斯在地中海沿岸的实力。

1453 年君士坦丁堡沦陷于奥斯曼帝国手中之后，奥斯曼帝国苏丹穆罕默德二世将丹多洛的遗体交还给了威尼斯，并恢复了与威尼斯的邦交。

相传，穆罕默德二世从小听关于丹多洛的故事长大，正是因为研读了当时丹多洛指挥十字军攻打君士坦丁堡的历史，才会想出将舰队翻越加拉塔，进入金角湾内攻破君士坦丁堡的超级智略。

[恩里科 · 丹多洛的墓碑]

文明之眼

威尼斯史上最老的元首：恩里科 · 丹多洛

出身威尼斯政治世家的恩里科 · 丹多洛，年轻时曾担任国营商船团的护卫舰司令，中年之后历任威尼斯驻各国外交官，最后获得了威尼斯外交界最为重要的官职：驻拜占庭帝国大使。

丹多洛在拜占庭帝国大使任内卷入了 1171 年拜占庭帝国收回威尼斯租界的纷争中，当时威尼斯人被拜占庭帝国驱逐、杀害，而丹多洛最后保全了 5000 名威尼斯侨民的生命安全，并带领他们撤回了威尼斯，因而被举国推崇为英雄。

1192 年，85 岁高龄的恩里科 · 丹多洛当选为第 41 任威尼斯共和国元首，此时他是个眼盲、驼背又衰老的矮小老人。然而就是这样一个看似弱不禁风的老者，却干出了一番惊人伟业。

丹多洛以不符其年龄的野心和坚强意志发起了一连串的改革行动。1195 年，丹多洛宣布增发国债，以此募集资本，囤积贵金属库存，并推出两款新的货币：格洛索与皮可洛，由于格洛索与皮可洛是价值极高且有威尼斯政府信用担保的货币，因此很快就席卷地中海周边，成为海洋贸易中的强势通货。

经过丹多洛的大力整顿，威尼斯摆脱了丧失东方贸易航线后的危机，并建立了极为强势的金融体系，在接下来的 7 年里累积了雄厚资本。

在罗马教皇发起第四次十字军东征后，丹多洛接下了运送十字军的任务，并以此为契机，成功地使十字军成了自己的“雇佣军”，怂恿十字军攻占了君士坦丁堡，夺回了威尼斯在拜占庭帝国的贸易地位，并使威尼斯共和国占有了原拜占庭帝国 3/8 的领土（包括爱琴海、亚得里亚海沿岸许多港口和克里特岛），使威尼斯共和国一跃成为东地中海上的霸主。

1205 年 6 月 21 日，丹多洛在君士坦丁堡繁忙的外交和政治谈判中去世，享年 98 岁，死后下葬于君士坦丁堡的圣索菲亚大教堂。

第 7 章 威尼斯与黑海贸易

OCEAN and CIVILIZATION VENICE

威尼斯与十字军瓜分拜占庭帝国之后，财富积累一发不可收拾，然而好景不长，同样是海上贸易强国的热那亚为了遏制威尼斯，争夺海上贸易权，帮助拜占庭帝国复国，取得了君士坦丁堡的贸易权，并排挤打压威尼斯。

威尼斯失去了东地中海的贸易优势后，开始寻求黑海贸易，而热那亚为了维护在黑海的商业垄断地位，与威尼斯的矛盾越来越深。

威尼斯商人关心的是利益而不是领地

自 1204 年 10 月，威尼斯与十字军完成对拜占庭帝国的瓜分后，威尼斯一跃成为拜占庭帝国在海洋权力方面的继承者。从亚得里亚海到黑海，横穿爱琴海和克里特岛周边的海域，对威尼斯唯命是从。有了这样巨大的威信，威尼斯有条件像后来的葡萄牙、英国那样，不断地开疆拓土，获得更多的殖民地，然而威尼斯对殖民地没有兴趣，而更多的是选择建立友好城市开展贸易。

缔结友好城市

对于瓜分来的领地，威尼斯并不想要殖民它们。威尼斯要求这些城市自己管理自己，只要这些地方能与威尼斯缔结为友好城市，提供港口给威尼斯，允许威尼斯商人在此贸易就可以了。

威尼斯在选择这些领地的时候，就有意识地选择那些分散的、零星分布的，而不是呈片状分布的地方。比如，亚得里亚海的扎拉港，它是在十字军东征时成为威尼斯领地的；再如，位于伯罗奔尼撒半岛前端的莫东和科伦，这两个海角的基地，也被称为“威尼斯的双眼”。这些都成了威尼斯在地中海上的友好城市。

分给名门望族打理

由于威尼斯政府人力有限，无法直接管理爱琴海上的一些岛屿，于是威尼斯将这些岛屿分给了国内几个名

[伯罗奔尼撒半岛的莫东建于威尼斯共和国时期的堡垒]

伯罗奔尼撒的酿酒历史据说可以追溯到7000年以前。这片地区被考古学家证明在史前即有人居住，而且相当肯定的是，伯罗奔尼撒出产的葡萄酒在古希腊和古罗马时代都相当出名。

[纳克索斯阿波罗神庙遗迹]

纳克索斯岛的面积有400多平方千米，北面是米克诺斯岛，南面是圣托里尼岛。自然资源丰富，有许多天然港口，历史悠久，早在公元前2000年这里就已经有人开始居住，至今已经有4000余年的历史。

纳克索斯人曾被波斯人当成奴隶，也被雅典、马其顿、埃及、罗马、拜占庭帝国、威尼斯、奥斯曼帝国统治过。

传说：当年雅典王子从克里特岛救出了公主，将她留在了这里，后来这位公主便嫁给了居住在这里的酒神狄奥尼索斯。

萨努多家族（Sanudo）：纳克索斯、米洛斯和帕罗斯岛

基吉家族（Chigi）：米克诺斯和蒂诺斯岛

朱斯蒂尼安家族（Giustinian）：塞里福斯（Serifos）和宰阿（Zca）岛

奎里尼家族（Qucrini）：斯坦帕利亚岛

丹多洛家族：安德罗斯岛

[拥有岛屿的威尼斯望族]

门望族，由他们去管理，比如，爱琴海上的米洛斯、帕罗斯、纳克索斯、米克诺斯、斯坦帕利亚、蒂诺斯以及安德罗斯等岛屿。

派威尼斯人出国长住

缔结了友好城市后，想要对这些零散分布的领地进行控制，仅靠盟约来约束，那简直是痴心妄想，所以威尼斯派出了许多国人去这些领地居住，有些甚至是举族搬迁，目的是协助管理、保障本国贸易顺利进行。

威尼斯政府用海军力量和外交手段，协助本国商人在各地安全开展贸易，并且长居海外从事商贸活动，在有资金和安全保障的环境下，威尼斯的经济开始飞速崛起。

[西西里岛古钱币上奇特的三腿徽标]

距今 1000 年前，西西里岛就有人居住。该岛处于地中海中心，其战略位置使其成为历史的交汇点、征服和建立霸权的工具以及来岛上冒险的武士和商人所属十几个民族的大熔炉。

热那亚成了威尼斯最大的竞争对手

第四次十字军东征成为威尼斯后来居上的转折点

从 12 世纪开始，热那亚共和国就不断扩张，先是征服了亚得里亚海对面的科西嘉岛，又实际控制了西西里岛的进出口贸易，其势力范围甚至越过君士坦丁堡，延伸至黑海沿岸。

贸易就意味着竞争，最好的贸易就是可以垄断的贸易，无论是热那亚、威尼斯还是另一个竞争对手比萨，他们都期望成为垄断商人，热衷于赶走竞争者，单独获得一些领主赋予的贸易权。在第四次十字军东征，君士

此时的君士坦丁堡虽然没有了作为拜占庭帝国首都时代的光华，但作为通往黑海的中转站，它仍然保持着十足的商业活力。

[科西嘉岛上热那亚人废弃的堡垒]

11—15 世纪，比萨、热那亚、阿拉贡等国家先后夺取该岛的控制权。1769 年科西嘉岛被强行并入法国版图。

坦丁堡被攻破之前，当时的威尼斯元首丹多洛提出在新帝国境内，所有威尼斯商人的对手，都不允许进入拉丁帝国。

热那亚、威尼斯和比萨这三个意大利的航海共和国起先不分伯仲，但到了 1204 年之后，一切都变了样。威尼斯元首丹多洛把威尼斯一下子送上了地中海东部贸易霸主的地位，成为君士坦丁堡的主人之一，热那亚人被从最富有的市场驱逐，威尼斯人控制了爱琴海，取得了在黑海的立足点，还控制了克里特岛。

勇敢无畏、不惧风险是热那亚人的特点

勇敢无畏、不惧风险是热那亚人最典型的特点，他们敢于冒险，也能更快地接受新技术，像黄金货币、航海图、保险合同、船艉舵以及机械钟的使用都早于威尼斯。

热那亚商人凭借着冒险精神，与威尼斯商人一样将生意做遍天下，到处都能够看到热那亚商人的身影，他们用大批的船队运送着货物。

热那亚的经济迅速增长，人口也同时增长到了 5 万人，虽然不及威尼斯人多，但也成为当时欧洲人口最多的城市之一。因此，在世界范围内，热那亚与威尼斯激烈地争夺着各种商品。

[热那亚共和国时代的金币]

热那亚共和国源于 12 世纪早期，1805 年被法国吞并，1860 年成为意大利王国的一部分。在早期的几个世纪，热那亚是一个重要的贸易城市，仅次于威尼斯。热那亚的重要贸易据点遍布地中海和黑海。市场远渗到中国，并与当时的中国政府建立了贸易联系。

第四次十字军东征后，威尼斯迅速崛起，其爆发式的财富增长，对热那亚来说简直是个灾难。倾向个人主义的热那亚人只能到处袭扰威尼斯人，比如个别热那亚商队开始成为海盗，专门打劫威尼斯人的商船。

热那亚与威尼斯之间的矛盾越来越深，热那亚人这种泄愤的情绪，后来直接导致了阿卡港战争的爆发。

贸易战火：因小摩擦导致的阿卡港战争

热那亚与威尼斯交恶后，双方僵持的态势没有坚持多久，就被一个小小的意外打破了。双方由于一场小小的暴乱演变成一场战斗，最终挑起了整个地中海东部的战争。

热那亚人比威尼斯人更早来到阿卡

阿卡是以色列北部一个沿海的港城，它是从地中海通往西亚内陆的重要港口。阿卡港是一个环形的港口，热那亚人比威尼斯人更早来到这里，他们希望控制这里，

阿卡是世界最古老的城市之一，据文献记载已经有5000多年的历史。是由最早生活在这里的迦南人部落所建，后来逐渐发展成为从地中海东岸通往西亚内陆的重要商业口岸。十字军东征期间，阿卡曾是欧洲十字军的聚集地和商业中心。十字军骑士们在这里修建了许多宫殿、教堂和城市设施。

[阿卡港战争留下的残壁]

[十字军时期的阿卡古城]
据说这里是医院骑士团所在地，也就是十字军东征时期的医院，是专门为十字军战士设置的医疗机构，当然这里也治疗普通百姓。

以期望挽回一些因在君士坦丁堡被驱逐的损失。然而随后威尼斯人也来到了这里。

为了抢占与阿拉伯国家利润丰厚的贸易的机会，威尼斯和热那亚互不相让，并且双方都有垄断这个地区贸易的企图，这种僵持的态势在1250年被打破了。

民间斗殴纠纷升级

斗殴事件发生在阿卡的一座教堂边上，起因是有几个威尼斯人怀疑一名热那亚水手驾驶的船，是从威尼斯人那偷来的，于是，双方由争吵最后变成了斗殴，导致其中一名热那亚人被打死了。原本，这样的情况完全可以由官方渠道解决，然而热那亚人一直就对威尼斯人不满，加上看到同族人死亡，暴戾的热那亚人冲到阿卡港，洗劫了在那里停靠的威尼斯船只，之后又闯到威尼斯人的居住区大肆屠杀。

威尼斯元首与热那亚交涉未果，于是派兵出征

阿卡港暴力事件的消息很快就被传回到威尼斯，威尼斯元首立即与热那亚交涉，要求他们赔偿。可热那亚根本不理睬威尼斯官方的多次交涉，这激怒了威尼斯元首，于是，愤怒的威尼斯人装备了32艘战船，在洛伦佐·蒂耶波洛的指挥下驶往阿卡港。

因为泄愤抓了热那亚在推罗的海军长官

1255年，洛伦佐·蒂耶波洛率领的威尼斯舰队到达阿卡，直接驶向了热那亚人的港口，撞毁了港湾入口的铁链，之后烧毁了港内的船只，几番折腾下来，因为没

[北欧的圆船]

1000 年左右，北欧的圆船便传到了地中海地区。常在地中海活动的威尼斯和热那亚人开始使用这种船，这种船又叫柯克船。柯克船之所以叫圆船，是因为这种船的船底是圆形的。船身全长约 30 米，宽约 8 米，总重量 100 ~ 200 吨。其特征是船体最尾端的舵一般称为“船艉中央舵”或“中央舵”。船桅只有一根，位于船体中央，用以张开长方形的横帆，垂直于船艏与船艉的连线，适合顺风航行。船体的整体形状是细长形，这是一种能适应强风大浪的船。

柯克船的船艉是直线形的，所以只需要一个船舵，加上柯克船上也配备了三角帆和四角帆，很快地中海上航行的便都是这种船了。

[早期医院骑士团徽标]

[十字军期间医院骑士团徽标]

医院骑士团徽标，开始为黑底白标，后来成为了红底白标。1080 年，一群意大利商人以使徒圣约翰之名在伊斯兰势力控制下的耶路撒冷建立了一所基督教医院，这就是医院骑士团的前身。当时主要任务是救死扶伤，早期和军事组织沾不上边。直到十字军东征开始，各宗教骑士团才纷纷和军事紧密结合了起来。

13 世纪左右，1 马克银条等于 2400 德涅尔，威尼斯的 1 格罗索等于 24 德涅尔。之后铸造格罗索币的风气在意大利蔓延开，其中路易九世和安茹的查理发行的格罗索，每 1 格罗索等于 12 德涅尔。

有遇到热那亚人的抵抗，威尼斯舰队没法泄愤。于是，洛伦佐・蒂耶波洛又把舰队驶向了推罗，并俘虏了热那亚在那里的海军长官，抓获了 300 名热那亚人，将他们像奴隶一样，用铁链锁着，运回了阿卡。

热那亚人被逼退，龟缩在他们的集市区

面对威尼斯人的侮辱，热那亚人开始全面反击，于是整个阿卡港瞬间就成了暴力街区，双方都使用重型武器轰击对方的防御工事，威尼斯和热那亚都不断向阿卡港增兵，但是威尼斯最终稍占上风，将阿卡港的热那亚人一个街区、一个街区地向里逼进，威尼斯人占领了原本公用的教堂和一些关键的阵地，热那亚人只得龟缩在他们的集市区。

战争升级，威尼斯再次获胜

1257 年，热那亚派出了一支由 40 艘帆船、4 艘圆船组成的舰队驶向阿卡港，得知热那亚动向的威尼斯也立即派出了一支实力相当的舰队驶往阿卡港。

这两支舰队在叙利亚海岸相遇，双方立刻进入了战斗状态，虽然热那亚的舰队规模比威尼斯的稍大，但威尼斯雇佣的外援远比热那亚多，经过激烈的战斗，战争再次以威尼斯的胜利而结束。战争中，热那亚人或跳进海里逃生，或驾船调头逃跑，此战热那亚共损失 25 艘战船，1700 名热那亚士兵被杀死或俘虏。

威尼斯与热那亚之间的君士坦丁堡贸易权之争

威尼斯和热那亚之间因纠纷引发的阿卡港战争，最终以威尼斯的胜利结束了，但两国之间的战争才刚刚打响。阿卡港战争的失利，令热那亚人非常受挫，于是他们改变了攻击方向，将矛头对准了威尼斯海洋霸权在东

方的中心——君士坦丁堡。

[米哈伊尔八世 · 帕列奥列格画像]

第四次十字军东征中，威尼斯和十字军骑士联合攻占了君士坦丁堡，从君士坦丁堡出逃的拜占庭帝国贵族，建立了三个以希腊人为主的拜占庭帝国流亡政权，分别是伊庇鲁斯专制君主国、特拉布松帝国和尼西亚帝国。米哈伊尔八世 · 帕列奥列格即尼西亚帝国君主。

潦倒的拉丁帝国完全靠威尼斯才能支撑

君士坦丁堡的拉丁帝国，从成立之初就一直疲软，缺乏人力、资金，拉丁帝国皇帝上位之后，更是潦倒，为了筹钱维持帝国的运转，甚至把皇宫屋顶的黄铜和皇冠都抵押给了威尼斯人，而威尼斯人只对钱感兴趣，于是转手把它卖给了法兰西国王。

此时的拉丁帝国，完全依靠威尼斯的拥护，才能勉强支持下去。

热那亚与前拜占庭帝国的皇族米哈伊尔八世联合

而在君士坦丁堡海岸的对面，流亡在亚洲的前拜占庭帝国的皇族米哈伊尔八世 · 帕列奥列格，一直虎视眈眈的等待时机，企图反攻君士坦丁堡。

在这样的背景下，热那亚使者和前拜占庭帝国皇族米哈伊尔八世坐到了一起。

热那亚人清楚地知道拉丁帝国皇帝的地位有多么岌岌可危，也知道威尼斯海军有多么强大，为了热那亚的利益，他们准备帮助米哈伊尔八世夺取君士坦丁堡。

1261 年 7 月 10 日，热那亚与米哈伊尔八世签订了《尼

[热那亚共和国国旗]

白底红十字最初为热那亚共和国国旗。在十字军时期从热那亚出发的十字军船只出港时被要求悬挂热那亚国旗。后来理查的军队带着这面旗子回到了英国。白底红十字逐渐成为英格兰的国旗，视作圣乔治旗。

据大不列颠岛先前岛民的传说，大约在 3 世纪时，有一位名叫圣乔治（St.George）的骑士杀死了一头恶龙，传说当时圣乔治杀死恶龙后，龙的血流到地面上，正好形成了一个十字形。

姆菲翁条约》，约定热那亚将取代原拜占庭帝国内的威尼斯的地位，获得威尼斯曾享有的一切。

热那亚成功入主君士坦丁堡，威尼斯又被驱逐

[热那亚圣乔治教堂]

热那亚圣乔治教堂又名圣乔治宫，始建于1260年，1261年热那亚帮助拜占庭帝国复国后，拜占庭帝国的米哈伊尔八世允许热那亚将威尼斯在君士坦丁堡使馆上的石材，拆运回热那亚建造圣乔治教堂，并把威尼斯保护神圣马可和飞狮的雕像一并运回，摆放在教堂的广场上展示。

热那亚本以为这一切需要很久才能实现，毕竟威尼斯的实力不容小觑，谁曾想仅半个月之后，米哈伊尔八世的军队就从拉丁帝国最后一位皇帝鲍德温二世手中夺回了君士坦丁堡。8 月 15 日，米哈伊尔八世和他的幼子安德洛尼卡二世一起在君士坦丁堡加冕，重建了拜占庭帝国。热那亚成功入主君士坦丁堡，这对威尼斯来说是一个巨大的打击。

热那亚人在新皇帝的授权下，摧毁了威尼斯在君士坦丁堡的使馆，并将石料运回热那亚建造了圣乔治教堂，血洗前耻，以扬其国威。

威尼斯连续 9 年的海权保卫之路

威尼斯丢失了君士坦丁堡的话语权后，只能绕行黑海继续海上贸易，然而热那亚依旧不依不饶地对威尼斯进行打击，威尼斯为了保卫海上高速公路的正常运转，和热那亚在海上进行了连绵的战争，威尼斯虽然能从和热那亚的正面交锋中取胜，但是无法根除热那亚海盗对本国商船的骚扰。

历史总是不断地重复，在 1268 年时，拜占庭帝国皇帝米哈伊尔八世开始后悔把好处都给了热那亚商人，于是威尼斯使者趁机用馈赠财富的办法，再一次获得了在君士坦丁堡经商的许可，虽然没有了以前的特权，但如今不用再绕过黑海，终归是件令威尼斯商人们高兴的事。

威尼斯和热那亚的纷争依旧，两国就这样打打停停，持续了 9 年。直到 1270 年，出现了热那亚和威尼斯的共同仇家——比萨，两国才放下仇恨，暂释前嫌，一致对外。

黑海贸易权争夺——威尼斯和热那亚遥相对峙

黑海背后有着大片的平原，可以为威尼斯、热那亚这样的国家提供粮食；在黑海东北角的支流——亚速海，养育了大量的迁徙洄游的鲣鱼，人们用盐腌鱼、用烟熏鱼，将其装进桶内，然后用船运到西方，供养着中世纪晚期和现代早期欧洲的庞大人口。

蒙古人的西进，重开黄金铺就的“丝绸之路”

早在 1206 年，威尼斯在克里米亚半岛的苏尔达亚建立第一个贸易站起，就开始与当地酋长有了贸易上的往来，可没过多久，东亚的蒙古人成吉思汗就带领大军用马蹄踏开了这里，仅仅用了 30 年的时间，大元朝的疆域就从中国边界向西延伸了近 8000 千米。

蒙古人创立了一个统一的帝国后，便开放了古老的丝绸之路。大约从 1260 年开始，这条丝绸之路就成了一条热门财富线路，因为可以绕过阿拉伯人，直接从遥远的东方获得奢侈品。世界范围内的商人们，纷纷把眼光聚焦在遥远的东方，之后越来越多的商埠开始像雨后春笋般涌现，像马可·波罗一样的旅行者可以横穿陆地，到达遥远的东方。加上罗马教皇解禁了与伊斯兰世界的贸易，黑海就取代地中海成了当时世界贸易的中心。

在 1204 年以前，拜占庭帝国一直封闭着进入黑海的大门，这扇门就是博斯普鲁斯海峡。博斯普鲁斯海峡是世界上最重要的战略水道之一，它连接着地中海和黑海。自第四次十字军东征，威尼斯敲开了这扇大门，随之这条狭窄的海上走廊，成了越来越多的威尼斯商船驶向黑海的航道。
黑海沿岸盛产小麦、盐、咸鱼、皮草和奴隶。最受埃及、叙利亚等地区欢迎的商品是奴隶，商人从这里购入奴隶，运往叙利亚，换回香料、纺织品卖给西欧人。
以塔那为首的黑海沿岸城市是奴隶贸易的集散地，销售着来自中亚的鞑靼人、白色的高加索人，卖到塞浦路斯等农业地区，奴隶被当作农奴；当卖给埃及时，用来填充兵力；卖往北非世界，则被当作划桨手。

[成吉思汗]
成吉思汗于 1206 年春天建立大蒙古国，此后多次发动对外征服战争，征服地域西达中亚、东欧的黑海海滨。1227 年在征伐西夏的时候去世。

[蒙古短弓]

蒙古人作战用的弓短小，没有欧洲的长弓那么长，但射速快，射程远，便于骑兵灵活使用，是 13 世纪杀伤力最大的组合弓，也是蒙古铁骑征服欧洲的重要装备之一。

[欧洲长弓]

黑海地区的商业竞争变得愈发激烈

繁荣带来的就是竞争，自拜占庭帝国复辟之后，热那亚就迅速在君士坦丁堡取得了贸易优势。热那亚商人开始积极地进入新的疆域，他们在黑海沿岸建立了星罗棋布的定居点，不仅如此，他们还在位于黑海北岸的克里米亚半岛的卡法设置驿站，以提供可以长久建立贸易关系的大本营。

[忽必烈]

1264 年，忽必烈从蒙古的哈拉和林迁都大都（今北京），无意之中向欧洲商人打开了中国的大门；这些商人通常沿横贯欧亚大陆的商路经商。最早来到忽必烈新朝廷的欧洲人并非外交使节，而是两个威尼斯商人：马可·波罗的父亲尼科拉·波罗和叔叔马费奥·波罗。

威尼斯因为拜占庭帝国复辟，拉丁帝国灭亡，丧失了先机，但又十分渴望黑海地区的粮食，威尼斯商人也努力地经营着自己的贸易线。1291 年，政局再次发生改变，罗马教皇再次禁止

[马可·波罗]

与伊斯兰世界开展贸易，并且禁令越来越严格。威尼斯商人对黑海地区的贸易渴望也越来越重。

威尼斯与热那亚两个海上强国，也在明里暗里的较劲，因为双方都知道，热那亚要维护它在黑海的商业垄断地位；而威尼斯则极力寻找机会来这里分一杯羹，黑海地区的商业竞争变得愈发激烈。热那亚与威尼斯间的关系也

马可·波罗是威尼斯商人，他一边经商一边躲避与热那亚的战争。另外，从时间上推测，当时最先到达大都（即如今的北京）的意大利商人应该是他的父亲和叔叔，而他本人则是第一位在我国朝廷任职的西方人。在他之后，也有不少威尼斯和热那亚的商人到过中国。马可·波罗在一次威尼斯与热那亚的海战中被俘虏，恰好与一位名叫鲁斯蒂谦的书记官关在同一个监狱。马可·波罗在监狱中口述旅行经历，由鲁斯蒂谦写出《马可·波罗游记》一书，这才将他的故事传播开来。其实像马可·波罗这样在国外做生意，几十年不回国的人，在威尼斯非常常见。

马可·波罗之后不到半个世纪，1338 年，威尼斯旅行商人乔瓦亚·洛雷肖与 5 位出身豪门的朋友，经历千难万险来到印度德里，他们受到印度国王的热烈欢迎，再加上洛雷肖献上了钟表和喷水器，印度国王大悦，赐给了他们很多贵重的印度特产，这些特产的价值远超钟表和喷水器几十倍。同时，洛雷肖一行人所携带的商品也被抢购一空，他们的第一次印度行商大获成功。
在回程的途中，洛雷肖把印度国王的赏赐卖掉，换回了大量的波斯珍珠，可是，他们缺少了一点马可·波罗的运气。洛雷肖和另外两位同伴在回程途中得了重病，尚未回家就病死在路上，所获得的财富只能由剩下的 3 人带回了威尼斯。
虽然用命换回来了财富，但是由于面见印度国王的主角洛雷肖去世，他们的辉煌事迹也随洛雷肖的尸体一同被埋葬，所以，他们没有马可·波罗那样出名，不过，他们的事迹成了威尼斯人口口相传的故事。

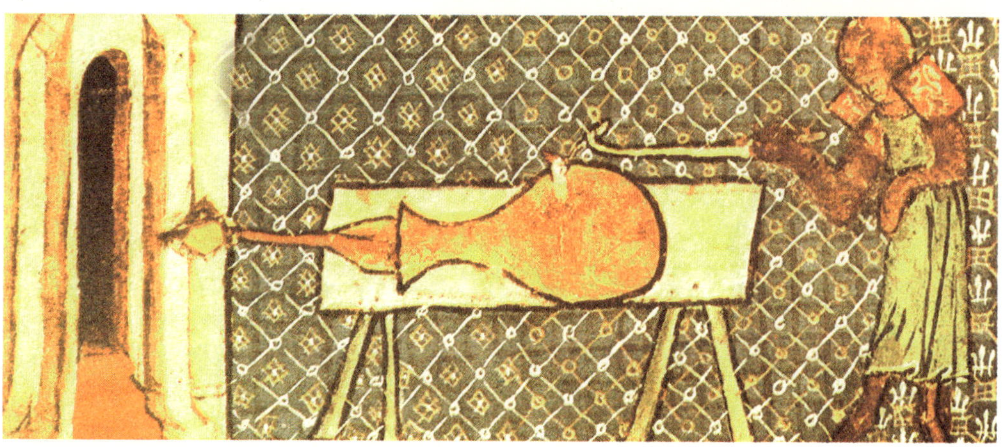

[火炮——1326 年的画作]

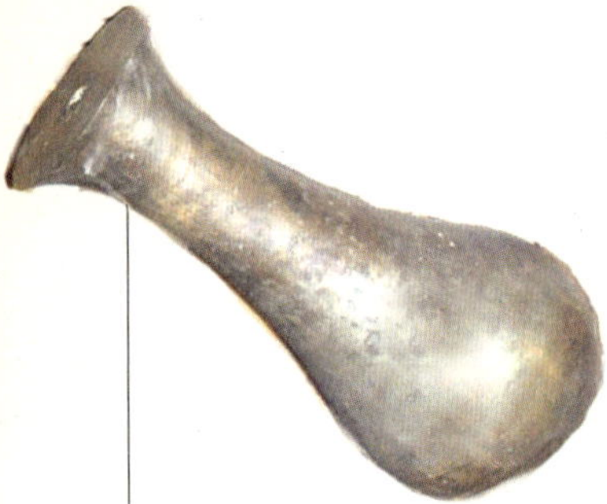

[13—14 世纪早期火炮实物]

这个时期的战船配备的火炮，其形状如花瓶一样，还不能真正意义上的发射炮弹，只能发射石块之类的填充物，火炮杀伤力有限，只能威慑对手，而且并不是每艘战船上都配备火炮，大多数战船仍以弓弩为主要远程攻击武器，之后便是接舷战，靠的还是战士的勇猛。

越来越紧张，终于在 1294 年，热那亚和威尼斯之间的战争再次爆发。

第二次热威战争：这场战争已经超越了战术上的理智

这一次热威战争持续了 5 年，与前一次的结局不同。这一次威尼斯在正面战场频频失利，却在商业上打赢了此仗。

这次交战波及两国商业竞争的所有地区，从北非一直蔓延到黑海。两国互相攻击对手的商业资产，无论是正面开战，还是海盗似的抢劫，双方都是无所不用其极。

热那亚洗劫了克里特岛上的干尼亚（离威尼斯港很近）；

威尼斯烧毁了停靠在法马古斯塔和突尼斯港的热那亚船只；

热那亚的小型舰队一直杀到威尼斯的潟湖，攻击了马拉莫科镇；

威尼斯海盗进入热那亚港口，在其城防堤上撒了泡尿，以示对热那亚人的侮辱；

……

这场战争已经超越了战术上的理智，参战双方都遭受了巨大的损失。罗马教皇尝试让他们和谈，甚至提出自掏腰包支付威尼斯要求热那亚偿付的一半费用，然而威尼斯人已经丧失理智，拒绝了罗马教皇的提议。

第二次热威战争中最大规模的海战——库尔佐拉岛海战

1298 年，威尼斯和热那亚双方海军舰队相遇在库尔佐拉岛。双方毫无悬念地爆发了激烈战斗。这次海战在世界海战史上虽然规模不大，却是威尼斯和热那亚之间打过的最大的一场海战。

热那亚舰队以 75 艘桨帆船力敌威尼斯舰队的 95 艘

[热那亚共和国发行的硬币]

桨帆船，因威尼斯舰队的海军指挥官轻敌，在指挥作战中不慎被热那亚俘获，失去了指挥的旗舰，威尼斯舰队被热那亚舰队打乱了队形，导致舰队大败，最后仅 12 艘桨帆船逃走，有近 5000 人被俘。而热那亚舰队也因此战折损了许多士兵和舰船。

1299 年，即库尔佐拉岛海战一年之后，双方很不情愿地来到谈判桌前达成《米兰和约》，这个和约没能解决任何问题，因为黑海问题仍然悬而未决，在黑海沿岸寻找粮食和原材料，以及中亚的贸易路线的问题，使得双方非正式战争愈发激烈。威尼斯努力建立自己的据点，热那亚则更加积极地想将其挤走。在克里米亚半岛，热那亚和威尼斯两国的据点仅相隔 60 多千米，双方遥相对峙。

在此战前 3 年，也就是 1295 年，威、热两军曾在库尔佐拉岛相遇，当时战争没打响。
热那亚一支由 165 艘桨帆船和 35 000 人组成的舰队浩浩荡荡地航行在黑海之上。此时正在黑海航行的威尼斯海军，面对如此大规模的热那亚海军舰队，选择了避其锋芒，偷偷地溜回了威尼斯。

在十字军东征时期，法马古斯塔是联系小亚细亚和欧洲的跳板。城中有威尼斯人修建的城墙，还有由圣尼古拉斯天主教堂改建的拉拉 · 穆斯塔法清真寺等古迹。

[法马古斯塔]

第 8 章
成就海洋帝国

黑死病带给全欧洲伤害，威尼斯也未能幸免，即便如此，为了贸易版图继续扩展，威尼斯还在坚守着财富之梦，虽然丢失了亚得里亚海的制海权，但是却获得了更大的贸易空间。直到热那亚被彻底打败，威尼斯的海洋帝国之路才终于畅通。

黑死病横行：这场瘟疫夺走了威尼斯2/3 的人口

到了 14 世纪 40 年代，黑海成为世界贸易中心，这里转卖着来自世界各地的商品。同一时期，地中海东部出现了饥荒，像拜占庭帝国、威尼斯等都开始缺少粮食、鱼等商品，于是这些商人全都集中到了黑海；另外被欧洲人视为奢侈品的丝绸、香料等产品的价格开始翻倍上涨，这使得威尼斯与热那亚两个海洋贸易大国的竞争更为激烈了。

丰厚的利润回报使得商人们可以忍受在荒芜的沙漠中行走，也可以穿行草原边缘，路途千难万险，再加上罗马教皇又开始明令禁止与伊斯兰世界通商，向东方国家出口商品的渠道被截断，于是 1344 年，威尼斯向教皇克雷芒六世提出请求，说明了禁止通商所造成的严重后果，教皇听从了威尼斯的建议，允许基督徒与埃及、叙利亚通商，这才又将香料贸易慢慢转回到了西方世界。本来形势在慢慢好转，

[教皇克雷芒六世]

克雷芒六世，法兰西籍教皇(1342—1352 年)。他是本笃会产生的 24 位教皇之一。是查理四世的老师，1344 年派遣十字军东征，攻取伊兹密尔，结束了奥斯曼帝国的劫掠行径。死于中世纪黑死病。

但是一场夺走欧洲 1/3 人口的瘟疫悄然到来。

卡法城外的死亡阴影

卡法（如今叫费奥多西亚）是一个位于黑海北岸克里米亚半岛的城市，也是一个被热那亚商人控制着的商业港口城市，它在当时隶属于拜占庭帝国的版图。这里是重要的农牧业区，盛产咖啡，离金帐汗国不远。

1346 年，成吉思汗的长子术赤建立的金帐汗国军队，欲征服整个克里米亚半岛，来到了卡法，由于地理位置原因，这里成为东方蒙古鞑靼人最先进攻的地方。

蒙古鞑靼人欲攻占卡法城，城内一直死守，使得鞑靼人无从下手，又不甘心就此作罢，就在双方僵持阶段，城外的鞑靼人中出现了大量的死亡现象，每天都有数千人莫名感染死去，死后的尸体很快就会出现腐臭。鞑靼士兵大量的被传染并死亡，这让鞑靼人非常害怕，于是他们开始将大量的尸体扔到卡法城门口，或者用攻城用的投石器，将感染的尸体抛入城内，使得守卫卡法的士兵也大量感染了疾病。于是病菌通过空气、饮用水开始蔓延，很快的时间，卡法城内到处都是死尸。

之后，死亡就一直笼罩着交战双方，战争被迫停止了，但是

鞑靼人一名，最早于 5 世纪出现于游牧部落中，其活动范围在蒙古东北及贝加尔湖周围一带。自中国唐代以来先后有达怛、达靼、塔坦、鞑靼、达打、达达诸译，其指称范围随时代不同而有异。

金帐汗国建立前，世界各地都将蒙古人称作鞑靼人，金帐汗国建立后也被视为鞑靼国家。而金帐汗国的主要居民保加尔人也就被称为鞑靼人，到了如今，就成了俄罗斯的鞑靼族和零星散布于我国新疆的塔塔尔族。

[蒙古王子雕像]

蒙古王子雕像（14—15 世纪），据说这是术赤的雕像，现藏于法国罗浮宫。

❧［卡法城破旧的古城墙］

相传此地在 1346 年经历过一场旷古的生化战，守城方是卡法守军和热那亚人，鞑靼人因久攻不下，便将黑死病人的尸体抛入城内，使得整个城池里的人都感染了黑死病，从而失去了战斗力。

❧ 在蒙古人崛起之前，西方人统称东方游牧民族为“突厥人”。而当蒙古的铁骑踏遍了亚欧大陆时，逃难的突厥语族群的人，告诉西方世界击败他们的野蛮人叫鞑靼人（鞑靼是一种蔑称）。所以在元朝和四大汗国修史之前的文献中，很少有把蒙元帝国称为蒙古人，而是统称他们为“鞑靼”。

死的人却越来越多，大量的尸体被扔进海里，感染了疾病的人都被隔离，但这些努力未能阻止死亡人数的上升。

乘海而来的黑死病

这场带来死亡阴影的疾病就是黑死病，随着卡法城内疾病的蔓延，在卡法进行贸易的商人也未能幸免，然后疾病被商船带往欧洲各地。

❧［抛石机——1507 年的画］

图中属于重型配重式杠杆抛石机，这种抛石机的配重可达十几吨，可以轻松将巨物抛向高空，图中是将死马作为“炮弹”使用。卡法战争中鞑靼人就是使用这类抛石机，将携带黑死病的尸体抛入卡法城的。

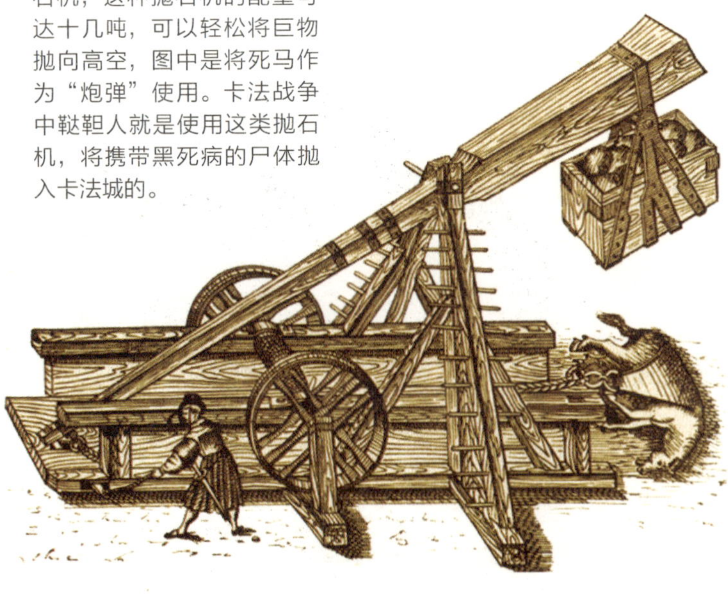

1347 年，在黑海中航行的 8 艘热那亚船，只有 4 艘平安回港，其他船的船员都死了；同年 12 月，黑死病传到了君士坦丁堡；1348 年 1 月，黑死病传到了威尼斯。差不多就在同时，威尼斯发生了地震，导致大运河河水泛滥成灾，同年 3 月，黑死病席卷了整个威尼斯。

[埋葬瘟疫受害者]
来自《吉勒 · 李穆伊西斯编年史》（1272—1352 年）中的局部，收藏于比利时皇家图书馆。

黑死病笼罩下的威尼斯

这场可怕的黑死病瘟疫，在人口稠密的威尼斯疯狂蔓延，整个城内，死尸遍布广场、门廊和墓地。父子、兄弟为了保命而相互抛弃；医生为了不被传染，不给任何人看病。

随着天气变暖，加速了尸体的腐烂，使得黑死病传染呈更加厉害的趋势。威尼斯政府出资建造特制的趸船，专门用以将尸体运送到城外。整个 1348 年夏天，悬挂着黑布的趸船，在威尼斯弥漫着恶臭的运河中，川流不息，但是由于死亡人数太多，威尼斯人只得利用本就很有限的空间来掩埋尸体，他们将尸体像叠衣服那样，一层尸体，一层土，再一层

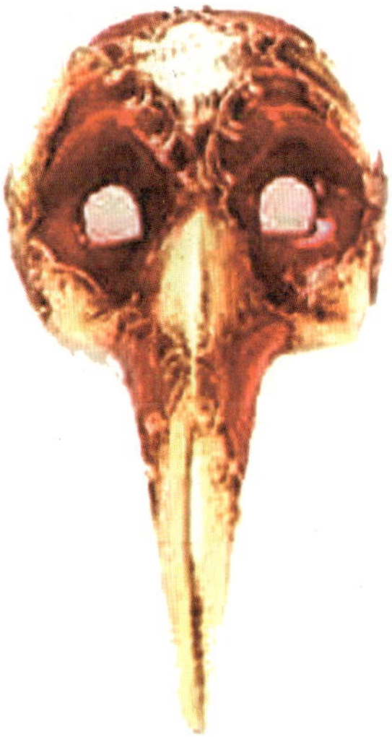

[威尼斯面具中的鸟嘴面具]
因为黑死病这样的瘟疫不可能再发生，如今的医疗水平已经完全可以轻松医治这样的疾病，所以现在鸟嘴医生已经不复存在，不过在威尼斯面具文化中，依旧能看到鸟嘴医生的痕迹，人们常常可以在威尼斯大街上看到鸟嘴形象的面具。

尸体，再一层土的将其掩埋。

阴霾笼罩下的威尼斯停止了所有贸易活动，甚至连监狱都没人值守，犯人也都恢复了自由。

黑海贸易的副产品——黑死病

1352 年年底，黑死病瘟疫才终于结束，这场瘟疫使欧洲人口至少减少了 1/3，有些资料中甚至说黑死病夺走了当时欧洲 1/2 的人口。

作为黑海贸易的副产品，门庭若市的威尼斯成为黑死病传播的最佳地点，这场瘟疫带走了威尼斯 2/3 的人口，其中贵族家庭减少了 50% 的人口。在威尼斯崛起的前 150 年间，威尼斯乘着欧洲繁荣的浪潮，财富暴涨，人口大增，用劈风斩浪的冒险事业，换来了丰厚的回报。但是贸易不仅带回了丝绸、象牙、珍珠、粮食和鱼，也从亚洲带回了黑死病。于是威尼斯、热那亚等这些海洋贸易国家被欧洲指责为这场瘟疫的罪魁祸首。

[瘟疫发生时威尼斯的医生]
黑死病爆发后，医生不敢给病人看病，后来路易十三的御医发明了防传染医生套装（在此次瘟疫爆发 20 年后），上图为威尼斯医生的装备。又名鸟嘴医生，医生会在鸟嘴里面填充大量棉花，用来隔绝与病人之间的呼吸传播。手里的木棍用来对病人进行检查，医生自己是不会用手直接接触病人的。

经过一场死亡洗礼之后的欧洲，也引起威尼斯人的思考。威尼斯终结了过去的公社模式，商人们越来越趋向于规避风险，作风也越来越保守、越来越胆小，“有命赚，有命花”成为威尼斯商人关注的新焦点，无论是关于瘟疫，还是海洋航行，威尼斯人都小心谨慎了起来。

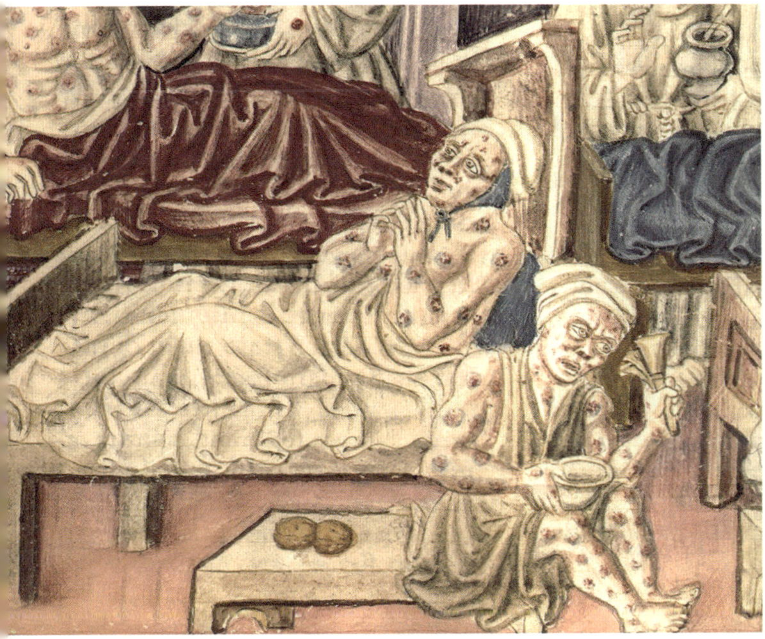

[黑死病患者]
16 世纪意大利画家拉弗朗切斯汉的画稿。

[人骨教堂内的人骨做成的圣杯]
黑死病始于 1346 年，截至 1352 年消退，它让中古时代的欧洲和中东在极短时间内死亡 2500 万人，被后世称作“黑死病 (Black Death)”“大灭绝 (Great Dying)”或“大瘟疫 (Great Pestilence)”，仅捷克小城库特纳霍拉就有 3 万人丧生，后来的战争又死了 1 万人。为纪念他们，后人用这 4 万人的骨头装饰了一座教堂，让它成了独具一格的世界物质文化遗产。

黑海的战火燃烧到君士坦丁堡

威尼斯与热那亚在黑海悬而未决的贸易权问题，因黑死病的蔓延，双方好像暂时忘却了，不过，仅仅一年之后，威尼斯与热那亚就再一次兵戎相见。

战火重新烧回博斯普鲁斯海峡

威尼斯和热那亚都知道，抢夺黑海的贸易权，最关键的控制点在拜占庭帝国的博斯普鲁斯海峡，只要扼守了这里，黑海贸易的大部分船只都无法继续通行，所以，双方都将兵力集结在了博斯普鲁斯海峡周边海域。

拜占庭帝国已无力过问威尼斯与热那亚的矛盾

此时的拜占庭帝国国库空虚，入不敷出，拜占庭帝国的皇帝筹集日常开销的资金都成问题，所以对于威尼斯与热那亚的矛盾，他毫无办法。而且这两个国家的势力，

[剪纸：老鼠]

黑死病也就是鼠疫，被携带耶尔森菌的鼠蚤叮咬之后，细菌进入体内引发腺型鼠疫，导致人的肢体病变、腐烂、坏死，甚至死亡。

在 14 世纪，为了筹措资金，拜占庭帝国皇帝约翰五世的母亲安娜·德·萨伏伊，曾下令熔化宫中的金银器皿，铸造货币。甚至在约翰五世加冕礼上，皇帝穿的佩戴黄金珠宝的服饰，都被换成了金漆涂抹的仿制品。可见此时拜占庭帝国皇室已经拮据到何等地步了。

一直操纵着拜占庭帝国的内政。拜占庭帝国内部支持两国的权力斗争，也一直在明里暗里地较着劲，在这方面，热那亚更胜一筹。

热那亚扼守贸易城镇加拉塔，使得威尼斯很难受

热那亚扼守着距离君士坦丁堡一水之隔的贸易城镇加拉塔，这里得天独厚的地理位置，使得威尼斯很难受。而且，在拜占庭帝国和威尼斯均未同意的情况下，加拉塔被热那亚完全驻防。加拉塔的贸易线路的收入，一度超过了君士坦丁堡。到 1350 年，加拉塔的海关关税收入是君士坦丁堡的 7 倍，而这笔钱当然揣到了热那亚的口袋里。

黑死病使得整个欧洲都开始萧条，威尼斯和热那亚都认为，谁能咬牙坚持度过这场大灾，并借机击垮对手，谁就将是地中海的贸易霸主。

骄横的热那亚越发无视拜占庭帝国

热那亚的得意让拜占庭帝国非常厌恶，加上 1349 年，拜占庭帝国刚筹建的一支新舰队，被热那亚全歼于金角

[博斯普鲁斯海峡上的城堡]

湾；热那亚肆无忌惮地抢夺了小亚细亚沿岸拜占庭帝国的战略基地；之后的1350年，热那亚又占领了博斯普鲁斯海峡上的一座城堡，完全控制了进入黑海的通道。

[博斯普鲁斯海峡上的吊桥]

第三次热威战争爆发，规模小了很多

热那亚扼守着加拉塔，令拜占庭帝国非常不满，于是请来了威尼斯当援手。

1351年，威尼斯与此时的拜占庭帝国皇帝约翰五世签署协议，协议的最终目的就是将热那亚逐出博斯普鲁斯海峡，打破它对黑海的绝对控制。于是第三次热威战争爆发了。

这次战争与之前的热威战争没什么差别，只是这一次更加激烈。这是一场战场混乱、覆盖面广的海上战争，双方都采用了“游击战术”、海盗行为，对敌方基地和海岛的掠夺袭扰，以及正面交战。

这一次战争因为发生在黑死病爆发之后，威尼斯与热那亚都没有了原来那样的“财大气粗”，舰队规模较之前小了很多，但是惨烈程度却较之前大有提升。

[约翰六世]

1341年，9岁的约翰五世登基做了拜占庭帝国的皇帝，1346年，首相约翰进入君士坦丁堡，并在次年加冕为共治皇帝，称为约翰六世。约翰六世将一个女儿嫁给小皇帝约翰五世以示安慰。1354年，约翰五世把妹妹嫁给一个爱琴海的海盗，后者强行闯入君士坦丁堡，帮助约翰五世废黜了约翰六世。

威尼斯和热那亚屡有摩擦，却一直没有正面交锋

威尼斯请来了帮手希腊和阿拉贡王国。

因为希腊在黑海的舰队多次被热那亚排挤，所以派出了舰队支持威尼斯；而远在西班牙的阿拉贡王国，则纯粹是因为国王看热那亚不顺眼，于是就给了威尼斯30

艘战舰，其中 12 艘是空船，号称是没钱装备了，就这样交给了威尼斯。空船肯定没法参加战斗，于是威尼斯自己花钱，将这些空船改装成战船。

这支由威尼斯、希腊、阿拉贡王国组建的联合舰队，由当时最有海战经验的威尼斯海军将军尼科洛·皮萨尼统一指挥。

热那亚舰队的主帅则是帕加尼诺·多里亚，他出身于航海贵族世家，两方的主帅对于海战都有一套，可谓是棋逢对手，凭借着指挥官的智慧，双方多次发生摩擦，却始终未能有一场正面的交锋。

[威尼斯海军将军尼科洛·皮萨尼]

威尼斯在博斯普鲁斯海战中战败，只能另谋贸易路线

直到 1352 年 2 月 13 日，威尼斯联合舰队在博斯普鲁斯海峡入口处堵住了热那亚的舰队。正准备开战，突然狂风大作，海面吹起了强劲的南风，这场狂风掀起了惊涛骇浪。

冬天白天短，眼看就快天黑，再加上狂风巨浪，这种情况下很难驾驶船只，于是威尼斯主帅皮萨尼决定第二天再开战，可是希腊舰队的主帅却认为此时正是进攻的好时机，不听皮萨尼的规劝，向热那亚舰队发动了进攻。因风浪太大了，进攻变得杂乱无章，眼看希腊舰队将要战败，皮萨尼也只得硬着头皮，指挥舰队加入到战斗中去。一时间，上百艘战舰挤进了博斯普鲁海峡仅 1.6 千米宽的狭窄地带，双方都没法有效地展开战斗队形，就这样推推搡搡地开始了海战。

[威尼斯和热那亚的海上交锋]

战斗持续了一夜，在第二天凌晨时结束，热那亚稍占上风，威尼斯联合舰队撤退了。

威尼斯作为拜占庭帝国的友军，败了也就败了，但拜占庭帝国却因这次战败，被迫与热那亚签署了和约。和约不仅规定了热那亚在拜占庭帝国内的贸易特权，同时也承认了热那亚对加拉塔的主权。

这场战争失败，威尼斯虽然没有割地赔偿，但是却丢失了博斯普鲁斯海峡的贸易通道，为了寻求安全的黑海贸易路线，威尼斯只得将视线转向忒涅多斯岛，因为它位于达达尼尔海峡的入口处，同样极具黑海航线的战略价值。

威尼斯在爱琴海及东地中海崛起的基础，在于1204年策动十字军攻陷君士坦丁堡，协助建立了拉丁帝国。
而热那亚之所以能崛起和威尼斯抗衡，主要在于它帮助拜占庭帝国复国，另外消灭了对手比萨。
此时的拜占庭帝国海上实力已经远不如这两个国家了，但是它却能在威、热两国的征战中获得平衡。

[热那亚共和国的标志]

[法马古斯塔的城墙]
上图是 13 世纪文艺复兴时期威尼斯建立的城墙，法马古斯塔是一座经过无数战争洗礼的城市，从残存的废墟堆中我们依然可以看到它历史的辉煌，历史的沧桑历历在目。

[法马古斯塔的教堂残址]
法马古斯塔在世界上有“鬼城”“365 教堂”及“世界诡异之城”之称。

第四次热威战争——基奥贾海战

威尼斯与热那亚的战争，从南到北，没有一刻停止过，连罗马教皇都为了它们操碎了心，甚至为了能够劝和这两个国家，想准备新一次的十字军东征，但是却未能得到基督教国家的支持，只得作罢。威尼斯与热那亚之间的矛盾在不断地摩擦中升级。

法马古斯塔港皇帝加冕的典礼

法马古斯塔港位于塞浦路斯东岸，是连接小亚细亚和欧洲的要塞。新任皇帝加冕的典礼在这里举行，威尼斯与热那亚都是皇帝的座上宾，被邀请来参加宴会，可是两国的领事却因为争夺新皇帝右侧的贵宾位置争吵了起来。愤怒的威尼斯领事先向热那亚领事扔了面包和肉，之后当地人加入了斗殴，紧接着威尼斯人攻击了热那亚人，将热那亚领事赶出了宴会。事后，还袭击了热那亚人的聚居区，并将财物抢劫一空。

这对热那亚来说是无法忍受的。1372 年，一支相当强大的热那亚舰队攻击了塞浦路斯岛，并且占领了这里。

这让威尼斯在地中海的贸易地位变得非常危险，随时都有被排挤出去的可能，于是威尼斯想通过拜占庭帝国皇帝约翰五世获得黑海的贸易地位来制衡热那亚；而热那亚则着手扶持约翰五世的儿子：安德罗尼库斯上位。安德罗尼库斯是约翰五世的长子，约翰五世原来确定立他为王储，但后来又想立次子曼纽尔为王储，安德罗尼库斯非常不满，这让热那亚看到了机会。

✿ [法马古斯塔的胜利纪念碑]

法马古斯塔的城堡、教堂、围墙都是意大利文艺复兴时期最杰出的代表，大部分建筑都是由达·芬奇及他同时代最优秀的建筑设计师创作设计的。

威尼斯通过拜占庭帝国皇帝约翰五世获得了忒涅多斯岛

威尼斯和热那亚在拜占庭帝国内各自拥立自己属意的皇帝，两派势力相互拆台。威尼斯想通过拜占庭帝国获取通往黑海最便捷的道路——忒涅多斯岛。

约翰五世曾在 1370 年访问过威尼斯，但因一笔欠款被威尼斯囚禁了一年，后来拜占庭帝国以皇室的珠宝换回了约翰五世。6 年后，威尼斯用这批拜占庭帝国皇室的珠宝做交易，从约翰五世手上获得了忒涅多斯岛。这个岛是通向君士坦丁堡以及更北方的关键要塞，因此它是驶向黑海的重要门户，威尼斯想通过占领此岛，达到遏制热那亚海上交通的目的。

热那亚通过约翰五世的儿子争夺忒涅多斯岛

约翰五世同意将忒涅多斯岛出让给威尼斯，令拜占庭帝国内部一些忠于热那亚的人士十分愤怒，而热那亚也借此鼓动安德罗尼库斯发动叛乱，夺取君士坦丁堡称帝，并囚禁其父约翰五世和弟弟曼纽尔，其后热那亚派军队进驻忒涅多斯岛，热那亚本以为有拜占庭帝国新皇帝的旨意，驻军忒涅多斯岛是件很容易的事，没想到却遭到了当地居民的驱赶，原因是当地人更欢迎威尼斯，不肯服从热那亚的管理。当地人将全岛的控制权交给了威尼斯。威尼斯在岛上建立了一个前哨站，这使得拜占庭帝国（安德罗尼库斯四世）、热那亚和威尼斯三者之间的关系更加紧张。

[忒涅多斯岛上威尼斯建立的堡垒]

忒涅多斯岛的形状大致呈三角形，面积为 39.9 平方千米，此地是地中海与黑海通航的最佳路线，自古以来这里一直是战略要地。

1381 年，威尼斯和热那亚的战争后，威尼斯根据《都灵条约》撤离此岛，并拆毁了建造的堡垒建筑，这部分费用由热那亚支付，威尼斯可以继续使用此岛的港口。

忒涅多斯岛人的敌意，被热那亚怀疑是威尼斯的唆使，所以把这个消息传回君士坦丁堡，并要求新皇帝安德罗尼库斯四世惩罚君士坦丁堡的威尼斯人。安德罗尼库斯四世下令逮捕了威尼斯在君士坦丁堡的市政官。

之后威尼斯发起抗议，并要求释放他们的官员，另外不承认新皇帝，只认约翰五世为皇帝，并在 1378 年 4 月 24 日，正式向热那亚宣战了。

威尼斯的经济垄断为自己树立了更多的敌人

由于前面提到的黑死病原因，令欧洲元气大伤，威尼斯和热那亚也都没有幸免，为了尽快恢复经济，威尼斯利用其庞大的水路，把波河、布伦塔河和阿迪杰河这三条大河上游的国家贸易牢牢控制住，布下了一张强大的经济网。

威尼斯控制盐的供应，征收水上交通费用，用平底小船将自己的商品运往水域上游，以绝对垄断的价格卖给邻近的地区，这些措施虽然有利于威尼斯的经济复苏，却为威尼斯树立了更多的敌人。

威尼斯太强大、富有了，周围的国家对此十分紧张、

[20 世纪之前的黎凡特——老照片（后加的色彩）]

黎凡特源于拉丁语 Levare（升起），指日出之地。它指的是中东托罗斯山脉以南、地中海东岸、阿拉伯沙漠以北和美索不达米亚以西的一大片地区。

第8章 成就海洋帝国

黎凡特在东西方贸易方面担当重要的角色。黎凡特是中世纪东西方贸易的传统路线，阿拉伯商人通过陆路将印度洋的香料等货物运到地中海沿岸的黎凡特地区，威尼斯和热那亚的商人再从黎凡特将货物运往欧洲各地。

不安，这些情绪又被热那亚利用，于是热那亚便与威尼斯的邻国匈牙利、帕多瓦签署了联盟协议。

基奥贾海战

在 14 世纪最后的 25 年里，威尼斯和热那亚两国都想给对方致命一击。在这场旷日持久的战争中，两国商业竞争的所有咽喉要地均被波及，比如黎凡特沿岸、黑海、希腊沿海，以及风波不断的博斯普鲁斯海峡水道——但最终决战却发生在威尼斯潟湖南端的基奥贾。

1378 年，热那亚海军在匈牙利和帕多瓦的支持下，打败了威尼斯在基奥贾的海军，占领了基奥贾城，并由此对威尼斯城进行骚扰和封锁。基奥贾位于威尼斯城以南，

[帕多瓦总督府曾是威尼斯统治者的住所]

帕多瓦于 11 世纪成为自由城邦国家，此后两个世纪里帕多瓦的发展极为迅速。卡拉莱西统治时期 (1338—1405 年)，帕多瓦发展到鼎盛时期，其统治范围扩展到威尼托的中部大部分地区。1405 年之后帕多瓦并入威尼斯，受威尼斯的统治达 4 个世纪之久。

[基奥贾——19世纪油画]
基奥贾位于威尼斯以南25千米处，犹如一个微缩版的威尼斯，市内有一些运河，其中最知名的是卡纳尔运河。

是卡纳尔运河上的一个港城，从位置上就可以看出，热那亚决心攻打威尼斯老家了。

此时匈牙利的国王拉约什一世统治着达尔马提亚，并在1379年从陆路直接威胁威尼斯北方地区。而帕多瓦则是在卡卡雷西家族的领导下切断了威尼斯与西方的联系。此外，阿奎莱亚和奥地利公爵利奥波德三世也都站在热那亚这边。热那亚联军封锁了威尼斯城对外的联系，威尼斯城变得岌岌可危。

1379年12月21日深夜，在威尼斯元首孔塔里尼坐镇旗舰压阵下，威尼斯海军将领维托·比萨尼率领34艘桨帆船、60艘客货船与商用帆船及百余艘贡多拉小舟，载运了上千吨的石头、6000名水手和弩弓兵，悄悄地从威尼斯城出航，不点灯也不吹号，钻过热那亚人不清楚的狭窄水道，开向亚得里亚海。

当时威尼斯城遭到了热那亚军近4个月围城，由于基奥贾水道遭到堵塞，因此热那亚军把攻击重心摆在中央的利多岛水道与北方的幕拉诺水道，但因为威尼斯人拔除了潟湖中所有标示水深的标柱，经过几次不太成功的攻击，热那亚也仅能在利多岛和基奥贾站稳桥头堡而已。热那亚海军司令官皮耶托·多利亚对于攻陷威尼斯城势在必得，他把舰队集中到威尼斯潟湖里，打算用来架成一道可以直取威尼斯市街的陆桥，因此在这个时间点有半数以上的热那亚船都停泊在潟湖内。

当晚，威尼斯将领塔德欧·杰士汀尼带领1000名诱敌部队突袭基奥贾，他们发射火箭并敲锣打鼓，这使得热那亚军突然被惊醒，他们把所有的兵力都赶往潟湖南边的基奥贾增援，完全没注意到比萨尼的舰队已经绕到了背后。

22日凌晨，比萨尼下令全体舰队自沉，堵塞利多岛水道与幕拉诺水道，全体水手与陆战队员登陆利多岛，热那亚守军突然遭到来自背后的猛击，猝不及防下全部被推入海中，威尼斯军收复了利多岛。破晓时分，皮耶托·多利亚错愕地望向亚得里亚海——威尼斯人用堵塞船，封死了所有通往亚得里亚海的水道。一夕之间，原本包围威尼斯城的热那亚舰队，反过来成了被包围者。

热那亚军慌忙地展开突围战，亚得里亚海上残余的10余艘大帆船也从外侧赶来支援，而岸边的帕多瓦军也往基奥贾方面增援，看到热那亚军打算死守基奥贾，并准备爆破掉自沉于此处的阻塞物，让水道恢复畅通。于是威尼斯市民划着贡多拉小舟赶往基奥贾，在这里与热

[威尼斯海军桨帆船]

威尼斯海军的主力配备了拉丁帆的大型桨帆船，虽然攻击力与速度不如以大帆船为主力的热那亚海军，但是在逆风时，威尼斯战船的应变能力和机动性方面却比热那亚的船有优势。

那亚联军展开了激战。

经过10天的攻防战，意图接近水道的热那亚工兵都被威尼斯弩弓手射杀，但是威尼斯人也在连日惨烈肉搏之下死伤惨重，正当双方都濒临极限之际，一支由18艘战船组成的新舰队突然出现在亚得里亚海上，朝威尼斯城驶来。如果来的是威尼斯舰队，那么就可解基奥贾之围；但倘若到的是热那亚舰队，恐怕威尼斯人已达极限的士气就要崩溃瓦解了。不过，这支充满了热那亚式风帆商船风格的舰队，却悬挂着红底金狮子旗。

1380年1月1日，与比萨尼一起号称威尼斯双壁的卡罗·詹诺舰队返航威尼斯城。詹诺舰队的参战，彻底奠定了威尼斯的胜利，亚得里亚海残存的热那亚舰队被全歼，威尼斯掌握了亚得里亚海控制权。

即使看到舰队被消灭，皮耶托·多利亚依然率领热那亚人顽强抵抗，而威尼斯军则逐步压缩包围圈，并不急于进攻，他们切断了帕多瓦通往基奥贾的道路，缓缓地将遭到围困的热那亚和帕多瓦联军逼入绝境。

被困在潟湖与岸际之间沼泽地的热那亚军很快陷入士气衰竭的绝望境地，其盟友匈牙利军屡次尝试从外部攻破包围网，帕多瓦军也以河运方式抢运物资通往包围圈内，但都因为斗志高昂的威尼斯人奋战不懈而徒劳无功。

皮耶托·多利亚以飞箭传书联络帕多瓦人，请他们派出使节前往热那亚求援，热那亚人非常清楚，唯有击溃威尼斯舰队，才有可能解除包围圈，因此热那亚从1380年1月底，就加派了一支由39艘船组成的舰队赶往亚得里亚海。4月初，热那亚增援舰队来到威尼斯外海，但是卡罗·詹诺却当着热那亚残兵的面，硬生生地把这支远道而来的舰队摧毁殆尽，胜负仅仅在一下午之内就分出来了，热那亚军最后的一丝希望也化为泡影。

皮耶托·多利亚自暴自弃地提剑带领士兵们向基奥

在和热那亚的战争中，为了保护自己的陆路，威尼斯聘用雇佣军。雇佣军其实是把双刃剑，可以砍伤对手，也可能伤害自己，因为这批人不服从管理，所以必须为他们找到一个令之完全服从的首领。最被威尼斯人看好的是英格兰人约翰·霍克伍德爵士，此人很凶残，他总能超额完成合同规定的任务，曾经在切塞纳战争中屠杀过5000人，可谓声名赫赫，但是他的雇佣费太贵了。于是几经斟酌之下，威尼斯以每月700杜卡特的费用雇佣了费用相对少点的贾科莫·德·卡瓦利。

贾外围作最后的冲锋，他被威尼斯的大炮击毙，没有留下完整尸首。在司令官战死后，潟湖内的热那亚残军于1380年6月24日投降，结束了将近一年的基奥贾战役，威尼斯取得了胜利。

威尼斯扣押了4 000余名热那亚战俘，挟战胜热那亚之威，砸钱雇佣欧陆各地佣兵击溃了帕多瓦军和匈牙利军，并派遣舰队扫荡了亚得里亚海上残存的热那亚舰队，足智多谋的维托·比萨尼，不幸于1380年8月13日因伤口感染牺牲于海上，享年56岁。

卡罗·詹诺接替了比萨尼的位置，他带领舰队消灭了大半热那亚海军，并开往西地中海持续给热那亚施加压力。威尼斯暗中的盟友米兰大公也展开了行动，米兰大公威胁热那亚若不停战，则将出兵热那亚；在帕多瓦和匈牙利败退，全国损失六成以上的舰艇和海军兵员，多利亚兄弟战死，背后又出现了米兰大公威胁的绝境下，热那亚不得不接受战败的现实。

但是，威尼斯在漫长而艰苦的战争中也几乎被拖得筋疲力尽；与热那亚的战争、黑死病瘟疫和罗马教皇的贸易禁令让威尼斯在14世纪举步维艰。两年的战争期间，几乎所有的贸易都停止了，舰队也大部分被毁，国库严重空虚，于是1381年8月8日，威尼斯和热那亚两国签订了《都灵和约》，第四次热威战争至此结束。

此后，热那亚进入经济、政治、军事的衰退时期，成为米兰公国和法国争夺的目标，而对威尼斯来说，虽然削弱了热那亚实力，恢复了威尼斯在君士坦丁堡的地位，但是却失去了亚得里亚海控制权，而达尔马提亚海岸仍在之前与热那亚结盟的匈牙利手中，曾引发本次战争的导火索忒涅多斯岛则似乎被参与者们忘记了。

在跨越亚得里亚海追击热那亚残余舰队时，威尼斯将军皮萨尼牺牲了，在海上连续作战两年之久的皮萨尼在1380年8月13日因伤口感染引发高烧，最后不治身亡。之后，威尼斯人举国悼念，从来没有一位威尼斯海军将领受到人民如此的爱戴，在他的葬礼上，威尼斯人排着长长的队伍送别他的遗体，一队水手穿过拥挤的人群，抢走了棺材，高呼：“我们是圣马可的孩子，我们要将英勇的船长送到他身边！”

[射石炮]

基奥贾海战中，威尼斯和热那亚双方舰队中均配备了大量的射石炮，此炮可以远距离向对方船只发射石弹，可在接舷战之前先将对方船只砸碎，不过此类炮的缺点是炮弹沉重，装载过多会使舰船行动变得迟缓。

[手持式火炮，又被叫作“黑鬼”]

这个时期，整个意大利乃至欧洲已经开始配备这种被叫作“黑鬼”的火炮，因为轻便，适合步兵使用，由士兵一人即可操作，这种火炮适合对垒战中使用。在海战中，一旦双方接舷后，就很难发挥其威力了，当时的士兵们还是更习惯使用弓弩和刀剑之类的冷兵器对敌。

3 万杜卡特买下了科孚岛，成为威尼斯战略要塞

自 1381 年，威尼斯在打败热那亚后的半个世纪里，不断扩张，海洋贸易到达巅峰。此时的地中海东岸，拜占庭帝国的国力一日不如一日；奥斯曼帝国则继续向西扩张，吞并了原本属于匈牙利的领地，匈牙利开始失去了对巴尔干地区的控制力。

虽然在 1381 年之后，亚得里亚海的控制权被匈牙利夺走，但地中海东部的争斗不断，这让威尼斯收获了不

[科孚岛]

科孚岛对于航行在此条航线的威尼斯水手们来说，看见它就相当于快到家了，科孚岛为水手们提供淡水和娱乐。这里最让水手说道的就是妓女，一是她们的美貌，二是她们携带的“法国病（梅毒）”。

梅毒的叫法在欧洲各国简直就是一部欧洲人民的互黑史：在意大利、波兰和德国，梅毒被称为“法国病”；在法国被称为“意大利病”；在荷兰被称为“西班牙病”；在俄国被称为“波兰病”；塔希提人则把梅毒称为“英国病”。

少好运。

威尼斯人从亚得里亚海出门，径直向前行驶，正对着的就是归属于希腊安茹王室的一座小岛——科孚岛，从其位置上就能看出这里自古就是兵家必争之地。

在14世纪末和15世纪初，希腊的安茹王室由于内部斗争不断，消耗了许多国力。而此时，一直希望借助科孚岛对亚得里亚海进行控制的威尼斯，便与安茹王室继承人之一商议，之后在1386年，威尼斯用3万杜卡特（威尼斯铸造的金币，1284—1840年发行，含金量为0.997，近似足金，重3.56克）买下了科孚岛。

此后的400多年，科孚岛成为扼制亚得里亚海的要塞，威尼斯在这里修建了坚固的城防，因此这里也被外界称为“威尼斯的门户”，所有经过的船只都被威尼斯强制性要求在科孚岛停留4个小时来交换信息。直到1864年《伦敦条约》签订后，科孚岛才重新归属于希腊。

匈牙利疲软，威尼斯重新将达尔马提亚纳入怀抱

达尔马提亚是亚得里亚海东南沿海诸岛的统称，在前文中讲过，威尼斯元首奥赛罗二世在位时期，拜占庭帝国皇帝曾为了奖赏威尼斯打击海盗的功劳，将这个地区交给威尼斯治理，威尼斯元首一度兼任达尔马提亚领主的爵位。

10世纪后期，拜占庭帝国受到马其顿帝国的攻击，为了请求克罗地亚派出援军，共同对付强大的马其顿帝国，拜占庭帝国将达尔马提亚诸城及岛屿的治理权，交给了克罗地亚新皇帝斯捷潘·德尔日斯拉夫，并承认他为新的达尔马提亚领主。这以后，达尔马提亚便成了克罗地亚的国土，威尼斯自此失去了达尔马提亚。

英国安茹王朝于1154年由亨利二世开创，除英国本土外，该王朝在法国的安茹、诺曼底、布列塔尼等地拥有大量领土，历史上有几个支系：一是英国安茹王朝，亦称金雀花王朝，是12—14世纪统治英格兰的封建王朝；二是南意大利的安茹王朝，又分那不勒斯安茹王朝（1268—1442年）和西西里安茹王朝（1268—1302年）；三是匈牙利的安茹王朝（1308—1387年）；四是波兰的安茹王朝（1370—1399年）。

[杜卡特]

杜卡特又称泽西诺币或西昆币，是威尼斯于1284—1840年铸造的金币。

匈牙利控制下的达尔马提亚周边居民向威尼斯抛出了橄榄枝

到了1102年，克罗地亚国内爆发权力斗争，而匈牙利国王趁火打劫，克罗地亚被迫与匈牙利签订条约，同意让匈牙利国王担任克罗地亚君主，包括达尔马提亚在内的克罗地亚又成了匈牙利的一部分。

1381年之后，匈牙利国王拿到了亚得里亚海的控制权，但并没有高兴太久，与他联姻的那不勒斯爆发了王位纷争，匈牙利国王把精力都放在了那不勒斯火并上，而亚得里亚海这边因为缺少管制，海盗四起。饱受匈牙利恶政和海盗肆虐的达尔马提亚周边居民，不禁怀念起曾经被威尼斯统治时期的美好时光，于是向威尼斯抛出了橄榄枝。

[弗罗林]

弗罗林是一种足金的金币，用于欧洲和东方国家交易兑换的一种货币，在当时属于硬通货，其地位相当于现在的英镑，通过贸易线路，成为后来大多数欧洲金币的原型。欧洲人称为“弗罗林金币”或“花朵币”。每一枚金币含54格令的纯金（大约3.5克）。

在15世纪30年代的威尼斯，一栋花园洋房月租金是3个弗罗林，而豪华别墅的月租金可达到80～90个弗罗林；一个女佣月薪大概是0.9个弗罗林，而一个奴隶价值50个弗罗林。

威尼斯像商人审视货物那样对这座城市进行评估

威尼斯对于一些自愿投入其怀抱的城市，会做精密的成本核算，就像商人审视货物那样，对这些城市进行评估，比如：城市里有没有安全的港口？有没有良好的水源提供给过往的船只？城防如何？城市的人民是否愿意归顺？是否可以通过此城控制一条航线？如今，达尔马提亚海岸的人们向威尼斯政府申请了6次，表明了愿意归顺之心，对于民心所向的达尔马提亚，可以考虑入手了。

10万弗罗林，威尼斯就买下了达尔马提亚

1408年，匈牙利开价30万弗罗林，想把自己对达尔马提亚的统治权卖给威尼斯，相当于威尼斯“内阁”的那些元老们，则认为匈牙利开价过高，可以再等等。之后的一年里，由于达尔马提亚的人民实在受不了匈牙利的统治，开始四处掀起叛乱。1409年，威尼斯元首米歇尔·斯泰诺看到时机成熟了，便向焦头烂额的匈牙利当

[达尔马提亚上的堡垒]

[威尼斯元首米歇尔 · 斯泰诺]

米歇尔 · 斯泰诺 (1331—1413 年) 是威尼斯的一位政治家，从 1400 年 12 月 1 日起担任威尼斯第 63 届元首。

[中世纪扎拉城标]

前文说到过扎拉，在第四次十字军东征期间，十字军因欠威尼斯军费，不得不帮助威尼斯攻下扎拉。在威尼斯统治下，扎拉一直处于反抗之中，直到 1358 年，经过扎拉人民一系列的起义，才与威尼斯签署了《扎拉条约》，回到了匈牙利王国统治下。而 15 世纪初的扎拉又被匈牙利卖给了威尼斯。

局出价 10 万弗罗林，买下了包括扎拉、诺维格勒、帕格等地及达尔马提亚的“一切权力”。

威尼斯几乎不费吹灰之力，就将达尔马提亚沿海的诸多港口和微小城市收入囊中，1409 年，威尼斯在失去达尔马提亚 300 年后，重新夺回了这个地方，而且这次不再是名义上统治领土的爵士，而是实实在在的拥有了达尔马提亚的领地。

不断蚕食领地，霸权伸向地中海、爱琴海

在获得科孚岛和达尔马提亚后，威尼斯又先后取得了伊斯特拉各岛及尼恩、科托尔、布拉奇岛、赫瓦尔岛、维斯岛、科尔丘拉岛、特罗吉尔、斯普利特等地。从此，亚得里亚海海岸大部分地区都置于威尼斯的统治之下了。

这意味着这一时期威尼斯在亚得里亚海上已经没有了威胁，可以放心地航行了。接着地中海沿岸的城市就像铁屑一样，开始向磁石中心的威尼斯靠拢。

新领地有用的就要，没用的白给都不要

1414 年，威尼斯买下了地中海沿岸的宗奇奥港，因为依靠这里完善的防御，可以在日后扩张时提供便利。

1423 年，位于地中海希腊北部的港城塞萨洛尼基和希腊陆地城市阿提卡同时向威尼斯发出申请，希望寻求威尼斯的庇护。

[塞萨洛尼基——1917 年油画]

自罗马分裂后，塞萨洛尼基一直处于拜占庭帝国的控制之下。1423 年，拜占庭帝国因无法抵挡奥斯曼帝国的攻击，被迫将塞萨洛尼基出售给威尼斯。之后在 1430 年 3 月 29 日，奥斯曼帝国的苏丹穆拉德二世率军围攻 3 天以后，攻占了塞萨洛尼基。

塞萨洛尼基是一个贸易据点，有一条通道连接君士坦丁堡，所以威尼斯接纳了它；但是对于希腊第二大城市阿提卡，则因为不靠海，威尼斯拒绝了这座城市，因为陆地对于威尼斯这样的海洋国家来说用处不大。

希腊沿岸爱琴海新领地：基克拉泽斯群岛，包括 220 个岛屿

威尼斯的领地继续往南扩张，沿着希腊来到爱琴海地区。基克拉泽斯群岛也向威尼斯抛出了橄榄枝。

基克拉泽斯群岛包括 220 个岛屿，多山且有着丰富的矿产资源，是一个贫瘠的群岛。这里由于岛屿众多，各岛屿之间的统治者也比较杂乱，这些统治者们有的残暴，有的疯癫，有的狡诈，在过去与威尼斯有着不少的冲突。沿岸的岛屿还有着许多海盗，这些海盗中有热那亚人、有加泰罗尼亚人，还有奥斯曼人。

这里的居民在忍受统治者们压迫的同时，还要防御沿岸海盗的侵扰。比如在一些相对富足的小岛上，每到晚上，居民就会全部躲入城堡，以防止海盗劫掠。

于是，他们迎来了威尼斯人。威尼斯人利用海军打击海盗，在沿岸小岛上修建据点，以保证商船的顺利航行，威尼斯人务实的手段，使当地人觉得“天下没有比威尼斯更公正和更好的了”。

据记载，威尼斯曾经占据着希腊大陆上 100 多个据点和爱琴海上的大多数岛屿。但这种占据并非一成不变的，许多领地就像潮水一样来了又走、走了又来。

被蒙古人肆掠后的废墟，威尼斯依旧把它建成黑海据点

塔那是众多投靠威尼斯的城市之一，是一个位于印度、毗邻阿拉伯海的港城，这里凭借优良的交通条件，开展着丰富的

[基克拉泽斯群岛人的传统服饰]

基克拉泽斯群岛为多山的岛屿，缺乏广阔的耕种用地（唯一例外的是纳克索斯岛），但是群岛上的矿产资源丰富，并盛产大理石。岛上为典型的地中海气候，出产大麦、葡萄酒和橄榄油。

这个时期海上处处都是威尼斯形象：随着海洋贸易的发展，威尼斯人所到之处，都会刻上他们的印记，以宣扬威尼斯海洋贸易帝国的威风。比如在地中海东部的中心地带，港口的墙上、要塞、碉堡和城门上方，凡是举头可见之处，都雕刻着象征威尼斯的雄狮；在这里流通的货币主要是威尼斯的杜卡特金币，因为杜卡特金币的纯度、流通性超过了所有的其他国家的货币，杜卡特金币上雕刻着威尼斯元首跪在圣徒前的图案；另外，在地中海上，威尼斯海军舰队定期巡游，战舰风帆高挂，无比雄壮地巡视着沿岸的各个据点。

[帖木儿画像]

帖木儿以母系的蒙古贵族血统自居，但其父系来自典型的突厥化家族，其生活的环境也同昔日的蒙古征服者有了较大的区别。因此，帖木儿帝国的军队在保留了蒙古军队优点的同时，也有进一步的发展和改进。

实际上这支军队不能算是严格意义上的蒙古军队，和前面所说的鞑靼人一样，他们有着突厥人和蒙古人以及各游牧民族的血统，但是外界一直称之为蒙古人。

海洋贸易，早在 1290 年，马可·波罗就曾来到过此地，他在《马可·波罗游记》中将此地描述为一个有皮革、麻布和棉花的贸易港城。

有人喜欢威尼斯的统治，更多的是想依靠它的国际地位，说白了就是军事能力。塔那就属于这样的。然而塔那与威尼斯本土距离比较远，塔那发出的消息传到威尼斯本土，需要好几个月。为了更好地维护这里，威尼斯的巡航舰队每一年都要来此巡视一趟，可毕竟一年只能来一趟，这对于想要袭击这里的敌人来说，还是太轻松了。

就像在 1395 年夏天，从塔那传来了“威尼斯塔那据点被蒙古帖木儿的军队袭击”的消息，听到消息后威尼斯舰队就驶向塔那。可等舰队到达那里，时间都到了 1396 年，距离袭击过去太久了，帖木儿的军队（这支军队一直被视作蒙古人的军队，所以后文均介绍为蒙古军、蒙古人等）早就离开了，塔那据点只剩下被蒙古人肆掠后的废墟和寂静的港口。

但是这里对威尼斯的海洋贸易很重要，威尼斯不舍得让它废弃，于是就花重金重建了塔那据点。

对威尼斯来说，有价值的地方会舍得花人力、物力投入，对它没有价值的，免费的也不要。这就是威尼斯的扩张策略之一。

威尼斯依靠强劲的海军实力，在地中海沿岸飞快地进行殖民扩张。帝国的疆界就像蜘蛛网一样，肆意地在地中海上张结。到了 15 世纪上半期，威尼斯迎来了全盛时期，这时与东方国家的贸易顺风顺水；君士坦丁

[15 世纪前期的臼炮]
这个时期的战争中大量使用臼炮，炮膛内能大量填充石块、石球、铁钉之类的杀伤性物体，此炮发射的时候呈发散状，能使得正前方成片被击中，虽然杀伤力不如后来出现的炮，但是这样成片的散装炮弹，完全能震慑敌军。据说当时帖木儿的大军除了马背上作战能力强，其火炮威力也很厉害。

堡的繁荣依旧；令许多国家胆战心惊的奥斯曼帝国，在1402年被帖木儿的蒙古大军打败之后，沉寂了不少，威尼斯商人迎来了他们最喜爱的和平时代。

1402年7月，小亚细亚半岛中部的安纳托利亚高原，一场号称中世纪规模最大的战役在帖木儿帝国和西亚的奥斯曼帝国之间爆发。
最终，帖木儿率领的蒙古式军队，击败了奥斯曼帝国苏丹的军队。

第四次热威战争之后，热那亚和比萨失去了地位

基奥贾战争之后，热那亚丧失独立主权

在基奥贾战败之后，热那亚的政府就乱了。自1381年之后的5年时间，热那亚更换了10位元首，政局动荡不安，之后他们接受了法兰西国王的统治，这种情形一直延续了130年，直到1528年结束。从那以后直到意大利统一的3个世纪里，热那亚成为西班牙的附属国（可

由于威尼斯的繁华，在其统治下的疆域越来越多，所以威尼斯非常重视保持社会的平衡。以公正、严苛的法律来保障治下的臣民的权益，除了本国人，还有外国人，不管是天主教徒、犹太教徒还是东正教徒，威尼斯法律都是一视同仁，不会因为某一种信仰而对另一种信仰进行迫害。威尼斯的司法有着许多现代司法的公正性和道德性。
另外，在威尼斯人制订的法律中，对于谋杀有8个类别的细分，从正当防卫到意外、故意、伏击、背叛和暗杀；法官们被要求尽可能清楚地确定凶犯的作案动机，以确定谋杀的罪名。

[热那亚的舰队——1481 年]

能这里读者会搞不懂，为何归于法兰西国王统治，却成了西班牙的附属国，这里的渊源深远，可在本套书的《海洋与文明：西班牙》中寻找答案）。

政局的动荡，对于相对私有化的热那亚商人来说，并没有太大的影响。不仅如此，热那亚商人对威尼斯商人的排挤与骚扰也一直未曾断过。比如，在黑海沿岸的热那亚据点卡法港内，热那亚商人依旧控制着黑海的贸易；位于君士坦丁堡的加拉塔港，热那亚商人的生意一如往昔地欣欣向荣，热那亚、威尼斯之间的战争从未停息过。

此时，热那亚虽然商业依旧繁荣，但已经丧失独立主权。而曾经作为对手的威尼斯，已经扩张成名副其实的海洋强国，而热那亚只能以西班牙属国的名义存在。

比如，在 1571 年爆发的勒班陀海战中，这是一场由奥斯曼帝国与欧洲基督教国家联合海军之间的战斗，威尼斯依旧以共和国的身份参战，向基督教联军提供了总数近一半的海军力量，相比之下的热那亚，虽然有热那亚人安德烈 · 多里亚担任右

[热那亚围攻安提阿——1095年]

翼舰队的总司令，但他却无法代表热那亚，而是以西班牙海军司令的身份参战。

持续了近 120 年的热威战争虽然并未真正停止，但作为意大利历史上 4 个海洋共和国之一的热那亚在 14 世纪末就已经销声匿迹了。

比萨被卖给了佛罗伦萨

随着威尼斯与热那亚不断壮大，双方征战不断，同时也不断挤压着比萨的势力；而此时，意大利陆地强国佛罗伦萨也在一旁虎视眈眈，1402 年，佛罗伦萨控制了

[比萨人画的《飞翔的圣乔治的船》]

[比萨在厄尔巴岛针对撒拉逊海盗兴建的防御塔]

比萨，比萨人不甘做亡国之民，在经过 4 年的抵抗无果后，比萨共和国于 1406 年灭亡。

比萨早于威尼斯和热那亚发展海洋贸易，给威尼斯和热那亚提供了许多便利的经验，同时比萨人对于贸易上的精明，也被威尼斯人和热那亚人学去。比萨灭亡后，比萨的商人们仍以个体的形式继续活跃于东方的各个港口，这里有他们熟悉的场所和贸易，比萨商人并不是那么容易被驱逐的。

威尼斯曾仅仅是地中海东部最重要的贸易国，到了 15 世纪末，已经彻底打败了这两个最强的竞争对手。

虽然威尼斯打败了其他的竞争对手，但是同时也使得国库耗损过大，加之与奥斯曼帝国的对决，使得威尼斯的财富日渐缩水。

第 9 章 与奥斯曼帝国近 200 年的战争

OCEAN and CIVILIZATION VENICE

随着奥斯曼帝国实力的不断强大，为了扩张领土，奥斯曼帝国把眼光投向了拜占庭帝国。为了保护自己的利益，威尼斯开始了和奥斯曼帝国的拉锯战，结果将威尼斯的财富消耗殆尽，威尼斯元气大伤。

威尼斯最早的关于奥斯曼帝国的报告

奥斯曼帝国，也被称作奥斯曼土耳其帝国，始于 13 世纪末，至 1922 年为止。在其最辉煌的时候，亚细亚被它征服，拜占庭帝国倒在它脚下，从伊朗到墨西哥，包括埃及，都在其疆土范围之内，地中海几乎成了它的内湖，奥斯曼帝国成为一个横跨亚、欧、非的强大帝国。

[奥斯曼]
奥斯曼是历史上名声最响的帝王之一，他的名字成为奥斯曼帝国的国号延续了 600 多年。奥斯曼帝国地跨亚、非、欧三大洲，扼住大陆交通的咽喉，曾长期是世界上最强大，最繁荣的帝国之一。

埃斯基谢希尔位于波苏克河畔，海拔790米，俯视富饶的佛里吉亚谷。在周围的山里有温泉。位于君士坦丁堡东南方向350千米左右。因为离君士坦丁堡近，所以后来奥斯曼帝国强大了，就来君士坦丁堡抢地盘了。

[奥斯曼帝国的始祖：埃尔图鲁尔]

苏丹是伊斯兰教中的头衔，最初是指阿拉伯语中的抽象名词“力量”“权力”或“统治权”。1055年塞尔柱突厥可汗被阿拉伯帝国阿拔斯王朝哈里发赐予“苏丹”称号，封他为“东方与西方之王”，“苏丹”从此成为伊斯兰国家最高世俗统治者的称号。后来建立的奥斯曼帝国统治者也沿用了这一称号。

布尔萨地区在拜占庭帝国统治时为一军事要地。1326年开始奥斯曼帝国慢慢蚕食这个地区，1328年之后这个地区基本都被奥斯曼帝国征服，并在布尔萨城建立奥斯曼帝国首都，是奥斯曼帝国的三京之一，也是仅次于伊斯坦布尔（君士坦丁堡）的奥斯曼帝国第二大城市。

奥斯曼帝国的建国传说

相传，奥斯曼帝国的始祖是一位名叫埃尔图鲁尔的小部落首领，他率领400名骑手，在迁徙穿越小亚细亚半岛的途中，发现了其他部落的冲突，埃尔图鲁尔率领其部众帮助了落败的一方，使他们得以扭转战局并取得胜利。事后交流才知道，原来被他们打败的是蒙古人，而埃尔图鲁尔支持的那方是塞尔柱人。塞尔柱人为了答谢他们，将阿拉丁在安纳托利亚高原以西的埃斯基谢希尔附近的一片土地赏赐给了埃尔图鲁尔。后来，埃尔图鲁尔又帮助塞尔柱人打赢了对希腊人的战争，为此又获封了更大的土地。埃尔图鲁尔死后，他的儿子奥斯曼继承父位担任部落首领，1299年，奥斯曼趁塞尔柱人的罗姆苏丹国分裂，正式宣布独立，称号“加齐”，奠定了奥斯曼帝国的雏形。

此外，还有一些其他关于奥斯曼帝国起源的传说，不过都过于玄幻了，此处就不再多说。从历史资料上看，约在1300年左右，奥斯曼帝国在小亚细亚的内陆地区逐渐成长起来。

一份不被重视的报告

1328年，奥斯曼帝国征服了小亚细亚西端位于马尔马拉海附近的布尔萨地区。此时西边的蒙古帝国日益强大，奥斯曼人早知道蒙古人凶猛，不愿意和其正面交锋，所以他们最先想到的避祸方法就是西进，由于当时西边的拜占庭帝国虚弱不堪，根本无法阻止奥斯曼帝国西进的脚步。

之后，1354年，奥斯曼帝国占领了加里

波利，这里是欧洲大陆最接近君士坦丁堡的地方，奥斯曼帝国对君士坦丁堡虎视眈眈。威尼斯驻君士坦丁堡的大使，将消息传给了威尼斯元老院的元首和大臣们。

[《斯巴达克斯》剧照]
古罗马角斗士斯巴达克斯（Spartacus，约前120年—约公元前70年）就是巴尔干半岛东北部的色雷斯人。

这是威尼斯方面最早的关于奥斯曼帝国的史料，当时接到报告的元首向身处君士坦丁堡的大使下达了密切关注的指令。基于当时威尼斯的国力和政局，他们没有做出任何的反应，再加上威尼斯本身就没有扩张领土的野心，所以，元首和大臣们觉得不动是最好的应对策略。

可是，奥斯曼帝国却有着强烈的领土意识，仅在5年后的1359年，他们就攻占了巴尔干地区，又3年过去，奥斯曼帝国占领了阿德里安堡，甚至菲利波波利也落入了奥斯曼帝国之手，整个色雷斯地区成了奥斯曼帝国的领土。

[奥斯曼帝国骑士]
在奥斯曼帝国中，骑士制度建立在封邑的基础上。骑士从苏丹手中接过领地，附带接受的条件就是战时必须响应征召。随从、马匹和武器自备，年纪大的，可以用一定数量部下代替服役。无法履行义务的领主将被剥夺封地。
从15世纪开始，随着奥斯曼帝国西进，有些奥斯曼帝国疆域内的天主教徒也成了骑士。

威尼斯无暇东顾，奥斯曼帝国势如破竹

奥斯曼帝国并没有停下西进脚步的意思，之后，与色雷斯邻接的保加利亚、马其顿等地区纷纷沦陷。这可不得了，因为在名义上，保加利亚和马其顿都是拜占庭帝国的附属国："我等遭受厄难，你拜占庭帝国不能不管啊！"于是1380年，拜占庭帝国内部倾向威尼斯派的势力向威尼斯发出了求援的消息；倾向热那亚的势力却主张向热那亚求援。

现代军乐起源于奥斯曼帝国：14世纪，新崛起的奥斯曼帝国在军队里建立了军乐队。随着奥斯曼帝国扩张到欧洲，军乐也就流传到了欧洲诸国。18世纪，波兰、德国、奥地利、俄国等相继建立了军乐队。后来，乐器经过改革，军乐队规模扩大，军乐的表现力也日趋丰富了。清朝末期，我国引进欧洲的军乐。

威尼斯无暇东顾

就在拜占庭帝国内部因为向谁求援而吵得不可开交的时候，威尼斯与热那亚也正打得不可开交。所以威、热两国在接到拜占庭帝国求援的消息之后，谁都没有给予反馈。况且，奥斯曼帝国是在陆地上推进的，对于海洋国家的威尼斯和热那亚来说，控制东地中海的制海权明显更为重要。在1381年的时候，威、热双方虽然终止了战争，但都付出了沉重的代价，此时需要的是休养生息。加之米兰的维斯孔蒂家族欲向意大利北部和中部扩张，这对威尼斯来说都是不可控的危险，所以虽然拜占庭帝国告急，威尼斯也只能袖手旁观，观望时局变化了。

[帖木儿军中的精锐重骑兵]

有能力的，没人阻拦；想阻拦的，没有能力。于是奥斯曼帝国势如破竹地攻占了更多地方。为了躲避战火，拜占庭帝国内的一些势力向奥斯曼帝国求和，愿意成为奥斯曼帝国

的附属国。时任奥斯曼帝国苏丹巴耶塞特一世，派使者来到君士坦丁堡与拜占庭帝国交涉条件，要求拜占庭帝国拆除君士坦丁墙，甚至还有一些更为侮辱性的要求，一些主战的势力听到奥斯曼帝国使者开出的条件后，实在无法接受，当场将奥斯曼帝国使者赶了出去。

拜占庭帝国差一点就灭亡

谈判未成，1402 年，奥斯曼帝国的军队包围了君士坦丁堡，距离拜占庭帝国的灭亡似乎仅一步之遥，但是，一件令拜占庭帝国开心的事情发生了。

奥斯曼帝国大军位于小亚细亚的安卡拉的大本营，被同样西进的蒙古帖木儿的大军狠狠地揍了一顿。此战奥斯曼帝国不仅输得一塌糊涂，奥斯曼帝国的苏丹巴耶塞特一世还被俘了，本来以残暴著称的奥斯曼帝国大军，在遇到蒙古人的时候，变得不值一提。原本包围着君士坦丁堡的奥斯曼帝国大军，只得立即挥师回国，解决本国的危机。苏丹被俘，使奥斯曼帝国产生了内部纷争，那些曾经屈服于奥斯曼帝国淫威之下的各国，立刻沆瀣一气开始揭竿而起，虽然无反攻之力，但再也不用年年纳贡、岁岁朝拜了。

奥斯曼帝国的内斗持续了 20 多年，在这段时间里，威尼斯成功地击败了热那亚，牢牢掌握着东地中海的制海权，并专心致力于贸易。之后，威尼斯开始了向意大利本土的扩张计划。

[蒙古士兵佩戴的面具]

蒙古人相信戴上标有自己祖先面容的面具，口念咒语，就可以让祖先的灵魂附着到自己的身体上，这样会在短时间内拥有更强大的力量，但据说这么做的代价就是透支自己的生命。

巴耶塞特一世兵败被蒙古大军俘虏，后死于狱中。巴耶塞特一世虽然晚节不保，但其一生中取得了多次重大战役的胜利，也堪称名将。

[奥斯曼帝国苏丹巴耶塞特一世]

巴耶塞特一世（约 1354—1403 年），奥斯曼帝国的苏丹，执政时期为 1389—1402 年，是穆拉德一世之子，著名的军事统帅，别称“闪电”。

[维斯孔蒂城堡]

威尼斯向意大利本土的扩张计划

1381 年，第四次热威战争结束之后，威尼斯有了强烈的“卧榻之侧，岂容他人酣睡”的忧心。

此时的意大利北部，主张领土扩张的米兰在维斯孔蒂家族的带领下，一直有南下入侵包括佛罗伦萨在内的意大利中部的计划。这种威胁让威尼斯感觉十分不好，他们也尝试用某种方式打破这种危险的存在，但一直未能如愿，直到 1402 年，局势才发生了转机。

[维斯孔蒂家族徽章]

1402 年，米兰的维斯孔蒂家族的君主米兰公爵猝死，空缺的公爵位置引发了家族内部的动乱。

另外，1402 年蒙古大军在小亚细亚的安卡拉打败了奥斯曼帝国大军，解了君士坦丁堡之围。这些利好的消息，都为威尼斯带来了绝好的扩张机会。

没有领土野心的威尼斯为何要入侵意大利

众所周知，威尼斯巧居于潟湖之上，这里能够出产的“土特产”只有海盐和鱼。除此之外的所有物品都需要通过进口。在这种环境中生活的人们，当然会希望自己能够在北意大利找到尽可能多的必需品供应源，而不是去依赖远方的希腊或是南意大利的那不勒斯地区。并且随着威尼斯的发展，人口数量急剧增加，为了保证全民衣食无忧，威尼斯政府有着比经济上的压迫感更强烈的需求。所以，如果在本国内就能有充足的粮食供应，这对威尼斯日后的发展有着巨大的助力。

威尼斯的领土扩张

威尼斯没有强大的陆军，所以对于进攻内陆地区，只能寄希望于雇佣军帮忙。正在威尼斯筹备雇佣军军费时，令人意想不到的是，北意大利的各个地区听到威尼斯欲攻打自己，便纷纷投诚，自愿成为威尼斯的行省，而威尼斯当然也乐得顺水推舟地完全接受。对于这些新臣服的地区，威尼斯只是为该地区指定市长和警察署总长的人选，其他方面完全自治。

通过这种方法，威尼斯的领地在之后的 5 年时间里，从贝加莫扩张至弗留利。威尼斯原本总人口只有 15 万人，扩张之后，瞬间增加到了 150 万人。原本只在水上通商的威尼斯，如今随着领土

米兰是中世纪欧洲的武器制造和商业枢纽，吞下了米兰，威尼斯就能变成意大利半岛海上和陆地双料霸主，威尼斯因此烧钱雇佣了大批雇佣军。

贝加莫省位于意大利北部伦巴第大区的中部，距离米兰不到 50 千米。公元前 196 年，贝加莫为古罗马城镇，后成为伦巴第王国的中心。贝加莫先后经历了古罗马、法国、奥地利的统治时代，1859 年归属意大利王国。各个时代留下了不同的痕迹。古老的上城区高高地坐落在奥罗比安－阿尔卑斯山的一座山麓小丘上，其保留了完整的历史古迹。

[弗留利生灵教堂]

弗留利位于意大利东北部，毗邻奥地利和斯洛文尼亚，弗留利曾先后被奥匈帝国、罗马和拜占庭帝国等多个帝国统治，1420 年该地区被并入威尼斯。

的扩张，实现了陆路通商，威尼斯的经济实力在 15 世纪上半叶达到了巅峰。

威尼斯与奥斯曼帝国的首次正面交锋

威尼斯在忙着领土扩张之际，奥斯曼帝国结束了长期内斗，卷土重来，拜占庭帝国成了奥斯曼帝国的属国，接受了缴付年贡和承担军备的条件。

[帖撒罗尼迦的白塔]

帖撒罗尼迦的白塔是当地的地标性建筑，这里视野比较开阔，可以鸟瞰整个帖撒罗尼迦，这座塔在历史上经历了太多杀戮，染了太多鲜血。

> 这个时期已经出现了火绳枪，但是没有被奥斯曼帝国将士接受，直到 1440—1443 年目睹了匈牙利战役之中火枪的巨大威力后，奥斯曼帝国军队中才开始配置火绳枪。

帖撒罗尼迦的沦陷

1430 年，奥斯曼帝国突然向帖撒罗尼迦发动了进攻。这里曾经是奥斯曼帝国的属国，但是由于蒙古人的介入，奥斯曼帝国大军回师救国，这才令帖撒罗尼迦重新回到了拜占庭帝国手中。可如今，拜占庭帝国都成了奥斯曼帝国的属国，覆巢之下安有完卵？

但是，在帖撒罗尼迦有威尼斯的据点，威尼斯为了保卫本国的利益，不可能轻易地就将此地交给奥斯曼帝国。虽然这里的威尼斯人勇敢地抵抗奥斯曼人的入侵，但终究难逃被征服的命运，这是威尼斯与奥斯曼帝国的

[波斯弯刀]

奥斯曼帝国步兵最常见的武器是弓和短矛，只有少数人配备了刀剑，这也与其游牧特征吻合。波斯弯刀出现之后，很快便成为各国效仿的对象，在 15—16 世纪，东到蒙古，西到奥斯曼帝国，南到印度，北到东欧，都装备了类似形制的弯刀。甚至在中国也有类似波斯弯刀的元素出现。可见这种刀在当时是何等流行。这种刀具往往是作为近身战的必备武器，较之长矛更具有杀伤力，当时的奥斯曼帝国和威尼斯军队的士兵都配有类似的刀。

首次交锋，让威尼斯深切地体会到战争规模的改变，威尼斯倾全国之力的人口总数，也不及奥斯曼帝国的一支远征军的人数，就这么一座城池，威尼斯人只坚守了3天便被攻破了。

据传威尼斯此战失败后，威尼斯元老院通过庞大的间谍网，对奥斯曼帝国苏丹穆罕默德二世的宫廷癖好有很深的了解。威尼斯投其所好，向他进献年轻男奴作为礼物。穆罕默德二世很是受用，于是答应了威尼斯的和谈请求。此段内容也有可能是基督教世界，因为被打败了，所以对穆罕默德二世抹黑，望读者自行甄别。

战争失败就求和，为的终究是贸易

战争之后，威尼斯政府立即向奥斯曼帝国的首都派出了使者，也就是在这一年，威尼斯与奥斯曼帝国签订了和平约定，奥斯曼帝国正式承认威尼斯从东地中海到黑海所有贸易据点的所有权，以及开放威尼斯在帖撒罗尼迦自由通商的权益。

这个和平约定持续了约16年之久，期间虽曾多次更新，但始终贯彻着和平的约定。

[奥斯曼帝国苏丹穆罕默德二世画像]

穆罕默德二世从小就被父亲作为继承人培养，因为父亲的隐退，年纪轻轻的穆罕默德二世便暂时代理了奥斯曼帝国的苏丹。他因经历了十字军东征和近卫军的叛变，深刻的意识到军权和武力对于君主的重要性。

君士坦丁堡的陷落

拜占庭帝国最后的岁月，过得十分憋屈。热那亚人、威尼斯人和奥斯曼人，哪个都能够在其首都君士坦丁堡横着走。君士坦丁堡的奢华、繁荣，吸引着热那亚和威尼斯这样看重贸易的海洋国家，也同样吸引了有领土企图的奥斯曼帝国。

1444年，奥斯曼帝国迎来了第七代君主——穆罕默德二世。他在奥斯曼帝国国内实施了一系列的改革、创新之举措，为帝国后来的发展奠定了基础，被史学家称为奥斯曼帝国真正的创建者。

因为战争来袭，奥斯曼帝国的大臣们认为皇帝过于年幼，无法应对如此重大的突发事件，于是在1446年又迎回了老皇帝穆拉德二世，并在老苏丹的率领下赢得了战争。后来，在1451年，年仅21岁的穆罕默德二世在父亲去世后正式继位为新一代君主。

在奥斯曼帝国历史上，穆罕默德二世的军事才能和政治才能无人能及，被称为征服者的穆罕默德二世也是奥斯曼帝国历史上最骄傲、最雄心勃勃的人，相比于其他苏丹，他更执著于追求自己的目标。他还特别聪明好学，具有很高的文学造诣，并能流利地说 8 种语言，是一位真正意义上全能型的帝王。

继位后的穆罕默德二世秉承了奥斯曼帝国的“传统”，把尚在襁褓中的弟弟处死了。这个弟弟是他父亲和最后一位正式妻子所生，如果论起出身，这个弟弟嫡出的身份比穆罕默德二世要高，因为穆罕默德二世只是其父亲和一位女奴所生。所以，为了防患于未然，他干脆将弟弟扼杀于襁褓之中。

[教皇尼古拉五世]

教皇尼古拉五世是文艺复兴时期第一位教皇。1453 年，拜占庭帝国首都君士坦丁堡被奥斯曼帝国军队包围，尼古拉五世曾派舰队驰援，但没有效果。为了收复君士坦丁堡，尼古拉五世向西欧收取什一税，以资助十字军从奥斯曼帝国手中收复君士坦丁堡，但是欧洲各国大多不听从他的命令。

面对着君士坦丁堡这样繁华的城市，穆罕默德二世不满足于拜占庭帝国仅仅是自己的属国，他要彻底征服拜占庭帝国，攻占君士坦丁堡，让这个繁华的基督教的大都市，变成伊斯兰教的地盘。

1452 年夏天，穆罕默德二世在博斯普鲁斯海峡上建造了一座城堡，博斯普鲁斯海峡是通往黑海的重要水道，他的行为很清楚地表明：他要介入海洋领域了。而此时，拜占庭帝国对奥斯曼帝国的野心，不是完全没有感觉，只是无能为力了。而此时的威尼斯依旧存在商人的本性，奥斯曼帝国对君士坦丁堡的威胁只要不伤及威尼斯人的利益，他们是不会出兵干涉的，因为之前威尼斯和奥斯曼帝国之间有和平约定。

威尼斯感受到穆罕默德二世扼守水道的切肤之痛

直到 1452 年 11 月 26 日，一艘从黑海驶向君士坦丁堡的威尼斯商船，被博斯普鲁斯海峡的大炮击沉。落水的船员们没法登陆，被奥斯曼人俘虏。威尼斯政府知道此消息后，立刻派遣使者前往奥斯曼帝国，准备为这些船员们求情。当使者到达的时候，威尼斯船员们已经被残忍的斩首，尸体都腐烂了，而船长死时被穿刺在尖木桩上。

博斯普鲁斯海峡被奥斯曼帝国扼守，奥斯曼帝国单方面撕毁了和威尼斯的和平约定，这让威尼斯人感到恐惧，之后威尼斯开始组织备战，他们积极地游说梵蒂冈的教皇尼古拉五世，希望能够集结基督教徒们的力量，保卫君士坦丁堡，攻打奥斯曼帝国。

[围攻君士坦丁堡－插画]

在穆罕默德二世的眼里，无论是奥斯曼帝国的高级官员，还是奴隶都没有区别，只要犯罪一样处死。

教皇答应出兵，却没钱支付军费

身在梵蒂冈的教皇尼古拉五世虽然对拜占庭帝国有很多的不满，但是毕竟都是基督教世界，内部矛盾可以以后再慢慢解决，如今奥斯曼帝国入侵，当然要出力帮助，于是打算派5艘帆船前去援救君士坦丁堡，可教皇并没有兵力，他希望能够让威尼斯出兵。

威尼斯人天生是个生意人，做任何事都要算计一把：让我出兵没问题，但是不能让教皇充好人。所以威尼斯表示，出兵可以，但是军费需要教皇支付，而且要支付现款，因为教皇之前拖欠威尼斯的债务还没有还清，可不能再打白条了。就这样双方你来我往地商讨出兵事宜，时间一天天地过去了，奥斯曼帝国的士兵可没有给他们太多的时间商讨。

[电影镜头中的乌尔班火炮]

乌尔班火炮长达 17 英尺（约 5.18 米），重 17 吨，炮筒厚达 8 英寸（约 20 厘米），口径则高达 30 英寸（约 76.2 厘米）。乌尔班是一位匈牙利籍火炮设计师，效力于拜占庭帝国，因为当时拜占庭帝国已经没落，甚至连乌尔班的薪水都无法按时支付，虽然拜占庭帝国的皇帝很喜欢乌尔班的新设计，但是却没有实力去完成，在这种状况下，乌尔班将设计图献给了拜占庭帝国的对手奥斯曼帝国苏丹穆罕默德二世，结果被重视并制造出了乌尔班火炮，

君士坦丁堡被奥斯曼帝国大军团团围住

威尼斯和教皇之间的讨价还价一直没有结果，1453 年 4 月 6 日，穆罕默德二世亲率陆路大军来到君士坦丁堡城外，安营扎寨，而这些只是先锋军，12 日，又一支规模相当庞大的舰队从加里波利驶来。就在威尼斯以为自己能从海上攻击围困君士坦丁堡的奥斯曼帝国的军队，小算盘还在计算“好事”时，奥斯曼帝国的大军已从海上封锁了君士坦丁堡所有的进出航道。

另外，为了确保进攻的万无一失，穆罕默德二世还派遣了一支陆军去进攻伯罗奔尼撒半岛，用以牵制拜占

[电影《征服 1453》中的攻城战]

这是电影《征服 1453》中奥斯曼帝国士兵攻打君士坦丁堡的场景：奥斯曼帝国士兵组成盾牌阵，抵御城内守军射来的箭。

[拜占庭帝国末代皇帝君士坦丁十一世个人徽章]

穆罕默德二世围城前，向君士坦丁十一世提议，如果他放弃君士坦丁堡，便可获准统治米斯特拉斯；君士坦丁十一世拒绝了，宁可战死也要坚守该城。从这个徽章可以看出君士坦丁十一世的决心，他在拜占庭双头鹰徽上加上了一把剑。

在奥斯曼帝国围城之际，拜占庭帝国末代皇帝君士坦丁十一世曾经求助于西方国家，但西方的条件是要他把东正教会与罗马天主教会合并。虽然君士坦丁十一世在 1452 年同意了这个条件，但他的人民反对合并。

庭帝国的皇亲国戚们的军队，使君士坦丁堡受到攻击时，这些人无力支援。君士坦丁堡此时已经被奥斯曼帝国军队彻底围死了。

君士坦丁堡的陷落

做好了围攻君士坦丁堡的准备后，1453 年 5 月 29 日，穆罕默德二世下令，奥斯曼帝国军队开始向着君士坦丁堡进攻，首先攻击了君士坦丁堡的海上舰队，这支联合守卫军有威尼斯战舰 5 艘、热那亚战舰 5 艘，其他国家和城邦提供的战舰 6 艘，共计 16 艘战舰。在这些城邦国家看来，16 艘战舰虽然不算多，但是足以应付任何海战，至少可以等待援军。然而奥斯曼帝国的海上舰队足足有 300 多艘战舰，双方海军力量悬殊，守军毫无悬念的惨败，其中有 62 名贵族和士兵一起被奥斯曼人处死，只有少数水手得以逃走。奥斯曼帝国海军轻松打跑了拜占庭帝国的联合海军，在多路奥斯曼帝国军队的围攻之下，君士坦丁堡坚持了近两个月后陷落了。

[拜占庭帝国末代皇帝君士坦丁十一世]

1430 年，拜占庭帝国成了奥斯曼帝国的属国。
1449 年，君士坦丁十一世在奥斯曼帝国苏丹穆拉德二世的支持下登上拜占庭帝国帝位。
1453 年，奥斯曼帝国围攻君士坦丁堡，君士坦丁十一世誓死坚守。

1453 年，君士坦丁堡沦陷，中世纪结束。中世纪起于西罗马灭亡（476年），结束于东罗马灭亡（拜占庭帝国灭亡）。另一种说法是最终融入文艺复兴和探索时代（地理大发现）中。

在威尼斯、热那亚以及其他基督教国家的潜意识中，一直以为像拜占庭帝国如此庞大的国家，君士坦丁堡如此巨大、坚固的城池，想要攻破还是需要些时日的，可不曾想没多久，君士坦丁堡就陷落了。

威尼斯元老院听到这个消息后无比震惊，这座已经屹立了 1100 年的基督教城市就这样轻易地被攻破了，君士坦丁堡对于西欧人来说，是东罗马帝国（拜占庭帝国）的象征，是古罗马文明的延续，如今这个帝国灭亡，意味着西欧人的根断了。

基督教世界之盾

奥斯曼帝国攻破君士坦丁堡后，对这里的居民进行了大肆的屠杀，甚至有些资料说“空城”了，事实上在奥斯曼人攻城之前，这里的人口就只剩下 3 万人左右，再经过屠杀，人口再次下降，空城虽不至于，但确实减

[圣索菲亚大教堂上的耶稣金色镶嵌画]

君士坦丁堡沦陷后，被改名为伊斯坦布尔，东正教圣索菲亚大教堂等被改成了清真寺，这幅画是教堂残存的金色镶嵌画，描绘的是耶稣和拜占庭帝国皇帝皇后。

少了很多。而幸存下来的君士坦丁堡人中，一些年轻貌美的女人和男子被苏丹或贵族们挑选出来送进后宫，其他人则沦为奴隶。

君士坦丁堡被改名为伊斯坦布尔

从 1453 年 5 月起，君士坦丁堡被正式改名为伊斯坦布尔（本书之后仍以君士坦丁堡为名），意即伊斯兰教的城市。在西欧人的眼中，它仍然是君士坦丁堡。

在拜占庭帝国灭亡之后，其周围曾经的属国纷纷开始臣服于奥斯曼帝国。各国派出的使节陆续到达君士坦丁堡，奥斯曼帝国苏丹穆罕默德二世一一接见了他们，在承诺奥斯曼帝国军队不会进攻他们的同时，也需要他们每年交纳年贡。比如像热那亚管辖的希俄斯岛，每年需要交纳 6000 杜卡特；塞尔维亚王国每年交纳 1.2 万杜卡特，特拉布松每年交纳 2000 杜卡特，拜占庭帝国皇帝的两位胞弟所管辖的伯罗奔尼撒半岛，每人每年需要交纳 1 万杜卡特。

而威尼斯则拒绝交纳年贡，并极力主张抵抗。此时的穆罕默德二世，对于威尼斯的不屈服也只能暂时忍了，因为毕竟威尼斯也不是弱小的敌人。

为了再度使君士坦丁堡这座城市活跃起来，穆罕默德二世强制那些已经属于奥斯曼帝国的基督教国家的民众移居君士坦

特拉布松帝国是由拜占庭帝国吉列王朝皇室的大卫兄弟于第四次十字军东征、拜占庭帝国崩溃后在小亚细亚黑海南岸建立的希腊人帝国，定都特拉布松，因而得名特拉布松帝国，1461 年，国王降于奥斯曼帝国穆罕默德二世，其国遂亡。

[希俄斯岛上建于 14 世纪拜占庭帝国时期的城堡]

希俄斯岛是希腊众多岛屿中最神秘的岛屿之一。相传是诗人荷马的出生地。1415 年虽沦为奥斯曼帝国的附庸城邦，但是管辖权依旧还在热那亚手上，直到 16 世纪被奥斯曼帝国占领，17 世纪又被威尼斯占领，之后又被奥斯曼帝国占领，所以这个小城市有拜占庭、奥斯曼和威尼斯的各种建筑风格。
著名的希俄斯岛大屠杀就发生在这里。

[塞尔维亚的贝尔格莱德城堡]

历史上的塞尔维亚王国由南斯拉夫人建立。"一战"后成为南斯拉夫的主体部分，一直是连接东西方的纽带和桥梁。位于巴尔干半岛中北部，东北与罗马尼亚、东部与保加利亚、东南与马其顿、南部与阿尔巴尼亚、西南与黑山、西部与波黑、西北与克罗地亚相连。

丁堡，同时也让部分奥斯曼人定居在此处。在此之后君士坦丁堡城的奥斯曼人和非奥斯曼人的比例大约是2 : 1。为了使基督教居民能在此生活下去，穆罕默德二世允许他们在基督教堂里做礼拜，奥斯曼人来了之后，把以圣索菲亚大教堂为首的大多数基督教堂，都陆续改建成清真寺，基督徒们只能龟缩在为数不多的教堂里做礼拜。

威尼斯的外交活动并不能打动奥斯曼帝国

自穆罕默德二世攻占了君士坦丁堡之后，虽然很多城邦和国家已经向他臣服，但是奥斯曼帝国的大军依旧在推进，很快就征服了塞尔维亚，开始向伯罗奔尼撒半岛进攻，到了1460年，几乎整个伯罗奔尼撒半岛都被攻克，仅剩下威尼斯的港口，比如像莫东、科罗尼和内格罗蓬特等几个地区没有被吞并。之后在1461年奥斯曼帝国占领黑海南岸；1462年，攻克瓦拉几亚；1463年吞并波斯尼亚……此时的威尼斯在做什么呢？

这时候的威尼斯正在与奥斯曼帝国打嘴仗。因为君士坦丁堡被攻占，威尼斯元首给驻扎此处的大使提高了薪酬，同时也下令让他尽可能地保证贸易活动的正常进行。于是驻扎在君士坦丁堡的大使便成了威尼斯外交系

伯罗奔尼撒半岛位于爱琴海、爱奥尼亚海和地中海的交汇处，其最南角正好处于非洲最北端之上。

瓦拉几亚即今罗马尼亚，位于巴尔干半岛东北，西北分别与塞尔维亚和匈牙利接壤，东南临黑海。

波斯尼亚位于克罗地亚和塞尔维亚两共和国之间。

统最重要、待遇最为丰厚却最不被羡慕的职务。他们必须谨慎地处事，还要有足够的耐心及准确的眼光判断形势。可即使如此，君士坦丁堡的威尼斯人居住区还是出事了。

君士坦丁堡的奥斯曼人向威尼斯人的居住区展开了非官方的掠夺和盗窃，这种侵犯行为严重地影响了威尼斯人正常的贸易活动。因此，威尼斯大使开始不厌其烦地向奥斯曼帝国抗议，并为此觐见了奥斯曼帝国苏丹穆罕默德二世。不过要说这位使者去见穆罕默德二世的心情，想必是胆战心惊啊，因为在1453年就有威尼斯大使被穆罕默德二世斩首的先例，所以这次威尼斯的大使不敢惹怒穆罕默德二世，威尼斯的权益就没办法申诉，没多久，这名大使就被传唤到威尼斯元老院去问罪，并为此遭受了为期一年的监禁，被处罚了一笔巨款，之后还永远不能再担任任何公职了。

[奥斯曼帝国手拿弓的战士]

奥斯曼弓和鞑靼弓的外形几乎一样，只是尺寸和把手略有不同，奥斯曼弓是公认的发射轻箭效率非常高的角弓，它结构轻巧短小，是战争中的利器。长度只有约130厘米，上弦后弦长只有113厘米左右，但是拉距仍然可以达到80厘米以上。

[中世纪火绳枪]

火绳枪射击会产生很大的烟，射击几次后射手就会笼罩在火药燃烧的烟幕中，所以奥斯曼帝国的士兵不喜欢使用，他们更喜欢使用传统的弓箭，虽然这个时候大多数士兵装备了火绳枪，但弓箭在历史上始终是享有声望的制式武器。

除了开战之外，双方用尽了一切打击手段

威尼斯与奥斯曼帝国除了表面上的对话交涉之外，背地里双方也用尽了一切手段：密信、间谍和贿赂。

奥斯曼帝国在威尼斯境内雇

用了许多间谍，建立了有效的情报网络，对威尼斯的动向虎视眈眈；而在君士坦丁堡，威尼斯也有类似的部署。并且，威尼斯为了贿赂重要人员，一掷千金，只为获得更有战略意义的重要人物的支持。

不仅如此，威尼斯还派出杀手刺杀穆罕默德二世，在君士坦丁堡被攻占后的近20年里，每年都有针对穆罕默德二世的刺杀行动，这些刺杀人员中有水手、贵族，还有理发师，甚至还有被认为最有可能成功的穆罕默德二世的御医，但是刺杀并未成功。

[教皇加里斯都三世]

加里斯都三世是历史上第一位西班牙籍教皇，于1455—1458年在位，是意大利文艺复兴时期著名的博尔吉亚家族的开创者。

十字军再次东征的梦想终究成为泡影

在西欧众多国家纷纷臣服于奥斯曼帝国的淫威之下后，威尼斯仍然在顽强地抵抗着，这份坚持颇受梵蒂冈的教皇尼古拉五世欣赏，因此尼古拉五世希望能够在威尼斯的支持下，再次组织十字军去征讨奥斯曼帝国。对于威尼斯人来说，他们不在乎信仰，不在乎仇恨，但是他们在意财富安全，如果能够拉起队伍，打击自己的敌人，何乐而不为？于是尼古拉五世在获得威尼斯支持的情况下，便开始到处宣扬、号召和呼吁，到了1455年夏天，好不容易召集到一批十字军，威尼斯用24艘帆船将这些人带到安科纳商议东征计划的时候，尼古拉五世却撒手人寰，虽然新上任的教皇加里斯都三世也想收复失地，但是他更想把有限的资金用在阻止奥斯曼帝国继续扩张上面。他将所节省的经费用来建造军舰，因此而建立的教皇舰队，在以后保卫爱琴海的战斗中发挥了作用。

就这样，这次十字军东征的梦想终究成为泡影。

内格罗蓬特之战——进攻威尼斯的第一战

威尼斯组织的这次夭折的十字军东征，被奥斯曼帝国苏丹穆罕默德二世认为是严重挑衅，于是组织军队准备进攻威尼斯在黑海的一些商业据点。这些情报被间谍们报告给威尼斯元老院，威尼斯迅速花钱雇佣了一大批陆军，攻入了奥斯曼帝国控制的伯罗奔尼撒半岛。

威尼斯对奥斯曼帝国开战了，开始时的战况颇令基督教世界兴奋，可是之后不久，雇佣军们开始撂挑子了，因为在1465年后的战争开支，已经是每年70万杜卡特了（10年后的1475年又翻了近一倍），如此高昂的费用让一向有钱而守诺的威尼斯也开始欠账了。

威尼斯商人在奥斯曼帝国的悲惨遭遇

威尼斯对奥斯曼帝国的进攻，虽然获得了短暂的胜利，但是却没有大批的财富支撑雇佣军的开销，不仅没有占得丝毫便宜，还引火自焚，激化了与奥斯曼帝国的矛盾。

在伯罗奔尼撒的奥斯曼帝国军队不仅打退了威尼斯的进攻，还把威尼斯在帕特雷的据点也攻占了；之后发生了一连串奥斯曼人报复身处奥斯曼帝国境内的威尼斯人事件，如驻君士坦丁堡的大使惨死狱中，在君士坦丁堡定居的威尼斯商人被处死等。

到了1467年7月，奥斯曼帝国的大军

[15 世纪的威尼斯雇佣军]

雇佣军靠战争赚取财富，只要有机会就会要求雇主加钱，而且在战争中会保存实力以便获得更多的捞钱机会，从而消耗雇主的财富。威尼斯和奥斯曼帝国的战争，其不光是输给了奥斯曼帝国强大的军队，同时也输给了贪婪的雇佣军。持久的战争让威尼斯不堪重负。

15 世纪初，威尼斯及其市辖区的财政收入约为 75 万杜卡特，与西班牙、英格兰不相上下，远远超过米兰、佛罗伦萨、热那亚等其他意大利城市。加上海外领地的收入，威尼斯财政总收入可达到 161.5 万杜卡特。在当时的西欧来说，这样的国家年收入已经是很高了，但是，战争的支出却让威尼斯有点捉襟见肘。

内格罗蓬特是第四次十字军东征后西欧封建领主在拜占庭帝国废墟上建立的十字军国家之一。
1365—1390 年，威尼斯先后获得内格罗蓬特的统治权，内格罗蓬特王国成为威尼斯的海外属地。1470 年奥斯曼帝国从威尼斯手中夺得内格罗蓬特的控制权。

[奥斯曼帝国的战舰]

距离威尼斯港口都拉佐还有 8 千米；到了 1469 年，奥斯曼帝国已经打到了相当靠近威尼斯城的利亚半岛……距离威尼斯城越来越近，这时，威尼斯希望通过和谈解决困境，与穆罕默德二世进行外交沟通，试图寻找一个解决方案来结束这场漫长的战争。

但是主宰这场战争走向的决定权却不在威尼斯人手里，它取决于穆罕默德二世的意志。

[奥斯曼帝国战马头盔]

内格罗蓬特岛保卫战

内格罗蓬特岛是一个位于爱琴海上的岛屿，它与希腊之间仅隔着一道狭窄的海峡，这里自 1204 年第四次十字军东征之后，就被十字军占领，后来又成了威尼斯的殖民地，这种状况一直持续了近 270 年之久，可是如今威尼斯却接到情报："奥斯曼帝国苏丹穆罕默德二世准备亲率大军进攻内格罗蓬特岛。"

奥斯曼帝国苏丹为何选择进攻这里呢？这是因为对威尼斯而言，内格罗蓬特岛在威尼斯海洋贸易线路上的地位完全不亚于克里特岛。内格罗蓬特岛的威尼斯大使的地位与权力，与驻君士坦丁堡和埃及的大使是平起平坐的。况且，威尼斯统治这里已经很久，如果这里换成奥斯曼帝国管辖，不仅对威尼斯的贸易有较大的影响，另外也是一个极大的羞辱。

为了能够顺利拿下这里，奥斯曼帝国动用了大规模的军队，总数约 12 万人的士兵向此处集结，包括拥有 250 艘战舰（其中有 120 艘加莱船）的奥斯曼帝国海军。而在此处守卫的威尼斯陆军几乎为零，威尼斯在此地的所有船只加在一起一共也只有 71 艘。71 艘对战 250 艘，海军数量上威尼斯也处于绝对劣势。当然，威尼斯海军虽然没有数量上的优势，但是有丰富的海上作战经验。可是奥斯曼帝国苏丹也不是傻子，既然威尼斯海军强，那大军就避免与其在海上对阵，只是将整个海面封锁了，而用其强大的陆军进攻。

1460 年 6 月 25 日，战斗正式打响，奥斯曼帝国军队从陆路攻击内格罗蓬特岛，而海军则封锁海面，威尼斯的海军一边担心奥斯曼帝国海军进攻，一边将仅有的海军分散兵力上岸与奥斯曼帝国的陆军作战，经过半个多月的抵抗，同年 7 月 12 日，驻守内格罗蓬特岛的威尼斯大使出城投降，内格罗蓬特岛沦陷了。

在接到此地沦陷的消息之后，威尼斯元老院的大臣们震惊万分，威尼斯因陆军不足、无法抵抗这是预料之中的事，可凭借海军出名的威尼斯舰队，居然无法突破奥斯曼帝国的海上封锁，最终放弃战斗，用威尼斯元老院的大臣们的说法：“此战令威尼斯承受了无法估量的伤害。”

[奥斯曼帝国士兵头盔]

奥斯曼帝国军队作战时强调机动灵活，而西方骑士在 15 世纪时的全套装备重达 125 千克，笨重密闭的全身板甲，单单盔甲的重量就超过 70 磅，这显然是奥斯曼人无法接受的。奥斯曼帝国的将士们宁可牺牲一部分防护力，也要保证自己的机动性，这一思路与中世纪末的西方骑士显然存在巨大区别，两种不同的建军思路的优劣，在奥斯曼帝国不断扩张交锋中得到了验证。

威尼斯摧毁了奥斯曼帝国的兵工厂

1472 年年初，新上任的威尼斯海军司令遇到了一位西西里人，他志愿去破坏位于加里波利半岛的奥斯曼帝国的兵工厂。因为此人曾是奥斯曼人的奴隶，熟悉奥斯曼帝国的兵工厂的环境，于是威尼斯海军司令便同意了他的请求，并提供给他一条小船和 6 个志愿者，以及所需要用的火药。这个西西里人带着志愿者乘夜色到达加里波利半岛，他们每人扛了一袋火药，潜入到兵工场内，并将火药洒在帆、武器和索具中，然而，因为火药受潮，无法点燃，他们只得点燃大量的沥青和油脂。

夜色中，大火直冲天际，惊动了奥斯曼人，他们抓住了 6 个威尼斯的志愿者，并扭送至奥斯曼帝国苏丹穆罕默德二世的面前，这 6 个志愿者毫无惧色，坦然地承认了所有事情，并大声斥责奥斯曼人的罪行，穆罕默德二世耐心地听完他们的怒骂后下令将他们斩首。

西西里人点燃的大火在加里波利半岛烧了 10 天，这些志愿者虽然失去了生命，但是却达到了预期的目的，摧毁了奥斯曼帝国在这里的兵工厂。

[斯库塔里要塞]

一场艰苦的防御战

1477 年，一支奥斯曼帝国的军队在弗留利做起了海盗营生。他们不但烧毁了此处的房屋、森林和农作物，还把俘虏带回交给了奥斯曼帝国苏丹作为奴隶，这些行动使威尼斯城居民大为恐慌，因为弗留利平原距离威尼斯的潟湖很近。威尼斯元首慌了，急忙派使臣与奥斯曼帝国和谈。可就在威尼斯企图和谈的时候，奥斯曼帝国苏丹穆罕默德二世下令围攻斯库塔里要塞。

1478 年，穆罕默德二世亲自来到斯库塔里要塞督战。驻守这里的是威尼斯老派的指挥官——安东尼奥·洛雷丹，他利用手里现有的兵力，在这里实施了坚决的抵抗，最终成功守住了斯库塔里要塞。

与奥斯曼帝国打打停停的战争，致使威尼斯的军费开支不断上升。截至 15 世纪 70 年代中期，威尼斯每年的军费开支上升到 125 万杜卡特（还不包括很多隐形的支出）。但这不是最可怕的，最可怕的是这样的战争不知道什么时候才能结束，威尼斯败多胜少的战况令国人士气低落，虽然威尼斯元老院的大臣们妄图用“穆罕默德二世已死”的诅咒和谣言来鼓舞士气，但是每当放出这样的谣言时，奥斯曼帝国就有新的侵略行动，这又打击了威尼斯人的士气（1481 年，威尼斯人终于把穆罕默德二世“诅咒”死了）。

勒班陀的陷落

随着与奥斯曼帝国战争的推进，威尼斯在战争初期还勉强支撑的大多数堡垒都被奥斯曼帝国攻克，然而威尼斯向意大利各城邦的求援均未能有任何回应，威尼斯陷入孤军作战的境地。

这样的战争打打停停，绝望、悲观的情绪充斥在威尼斯城的每一个角落。于是人们向元首诉苦，希望他放弃大国尊严，向奥斯曼帝国求和吧！

应百姓之愿，威尼斯元首再次与奥斯曼帝国和谈。在这样情形之下的和谈，奥斯曼帝国提出了苛刻的要求，而威尼斯也只得答应。事情上也确实如此，包括奋力抵抗的斯库塔里要塞，以及其他领土都割让给了奥斯曼帝国。据统计，在 1479 年后，威尼斯在伯罗奔尼撒半岛只控制着 26 个据点，而奥斯曼帝国却拥有 50 个。

按照惯例，除了割地，还要赔偿，这次也不例外。威尼斯需要支付给奥斯曼帝国 10 万杜卡特的赔偿，另外，每年还需要支付 10 万杜卡特，以获得在奥斯曼帝国境内的贸易权。

到此，与奥斯曼帝国持续了 16 年的战争，因为和谈而令威尼斯人松了口气，他们本以为这会是一个结束战争的起点，却没想到这些都只能叫小冲突，真正的战争才刚刚拉开序幕。

奥斯曼帝国新任君主——巴耶塞特二世

1481 年 5 月，穆罕默德二世带着众多没有完成的理想而死。按照奥斯曼帝国的血腥继承人制度，一场关于继承人的内战随即爆发。一方是后来成功上位的巴耶塞特二世，另一方则是他的弟弟杰姆。

[巴耶塞特二世]

两位王子此前一直进行着必要的行政和军事锻炼，也因此被帝国内部的不同势力扶持。巴耶塞特二世非常幸运地站在靠西部的欧洲势力一边，并抢先进入君士坦丁堡。通过笼络人心，他获得了近卫军集团的支持，从而拥有巨大优势。而杰姆则依靠帝国东部的本土势力支持，发动突厥化部落和圣战者，为自己博得一丝转机。内战结果是弟弟杰姆输了。

巴耶塞特二世上位之后，并没有立刻对东、西方的城邦开战，并不是他爱好和平，而是由于他父亲的连年征战，导致国库空虚，没法打了，休养生息才是此时最该做的。

巴耶塞特二世的停战，除了国家财政的原因之外，还有来自于其弟弟杰姆的威胁。奥斯曼帝国有个不成文的规定，就是新君主继位后，会杀光直系的男人，就在巴耶塞特二世去杀杰姆的时候，发现他跑了。在这双重威胁之下，巴耶塞特二世只得沉默，维持与威尼斯的表面和平。

在这期间教皇英诺森八世曾企图发动十字军攻击奥斯曼帝国，但是未能成功。

杰姆战败后逃到罗得岛，本想借助医院骑士团来打击巴耶塞特二世。没想到医院骑士团乘机挟持了他，后来把他送到法国，其后再转交给教皇英诺森八世。教皇欲利用杰姆作为将奥斯曼帝国驱逐出欧洲的工具，但教皇的企图失败了，因为在巴耶塞特二世心中这个弟弟根本无法和奥斯曼帝国的事业做交换，后来巴耶塞特二世答应教皇，每年支付 3 万金币给教皇作为囚禁杰姆的报酬，1495 年，杰姆因脓疮恶化，在那不勒斯的一所监狱中逝世。

[教皇英诺森八世]

据传英诺森八世通过贿赂选举教皇的枢机主教团才得以当选教皇。由于英诺森八世生活奢侈腐败和屡次兴兵，使得教廷财政常常缺钱，有时甚至典当教宗的三重冠和教皇的其他宝藏，使得出售神职和赎罪卷之风越演越烈。

奥斯曼帝国赶造大船，积蓄力量

1495 年，杰姆去世，威尼斯也在之后的第 3 年，即 1498 年夺回了塞浦路斯。这令巴耶塞特二世深切地知道，在爱琴海的希腊沿岸还有事必须要做，否则奥斯曼帝国的边境就不会平静。为了能够将威尼斯从希腊赶出去，就必须有足够强大的舰队，于是，巴耶塞特二世开始利用国内的兵工厂，赶造船只。

[古画中的奥斯曼战船]

为了制造更加庞大的战船，奥斯曼帝国重用了一位来自威尼斯的造船师，使用威尼斯的技术将圆船改造成大型战船。据说这些船有 28 支巨大的船桨，每支桨由 9 个人为一组进行划动，其排水量约有 1800 吨，可以搭载 1000 名士兵，这是一种名副其实的巨舰。这种巨舰还搭载了从侧舷发射的火炮。这样的技术对于以陆军为主的奥斯曼帝国来说，简直是飞跃般的进步。

巴耶塞特二世知道赶造舰船的消息，很快就会被威尼斯在君士坦丁堡布置的强大情报网送出，与

[勒班陀海战]

其这样，还不如自己宣布，于是君士坦丁堡官方发布了消息，称帝国正在赶造一批舰船，其目的是清剿海盗。

灾祸不断的威尼斯

君士坦丁堡的消息一出，威尼斯就知道这是欲盖弥彰，如果仅仅为了打击海盗，完全不需要如此强大的海军力量，所以这肯定是为了战争。

威尼斯不得不开始做应战准备，政府开始征用国营商用帆船，将其改造成军舰。这导致了 1498 年整个夏天，威尼斯所有商业活动暂停，黎凡特的货物——姜、棉花、胡椒的价格开始飙升。海军防御的需求使得威尼斯城的商业系统压力陡增。

然而威尼斯却灾祸不断。1499 年 2 月初，加尔佐尼家族和里佐兄弟的银行宣布破产了；5 月，里波马诺银行倒闭；次月，阿尔维斯·皮萨尼的银行发生了挤兑，由于时局动荡，大批人跑到银行取钱。钱是威尼斯的血脉，银行破产令正在备战的威尼斯雪上加霜。

这期间发生的一切似乎在预示着接下来将会发生更加不妙的事情。

勒班陀失陷

1499 年 6 月，在君士坦丁堡进行贸易活动的威尼斯商人被逮捕，货物被没收。同时，奥斯曼帝国的舰队于 6 月 25 日通过了达达尼尔海峡，继续向前行驶，而另有一支奥斯曼帝国陆军在向希腊推进。当奥斯曼帝国舰队绕过伯罗奔尼撒半岛时，大家开始猜测，奥斯曼人的进攻目标是科孚岛还是勒班陀港？不久之后，奥斯曼人到达勒班陀城外，原来他们是要进攻勒班陀要塞。

从 6 月底开始，威尼斯和奥斯曼帝国双方的舰队开始在爱琴海上对峙。奥斯曼帝国舰队欲通过威尼斯舰队的封锁进入勒班陀要塞，而威尼斯舰队则是要粉碎奥斯曼人的企图。

[西班牙国王斐迪南二世]

1492 年西班牙国王斐迪南二世下令驱逐境内的所有犹太人，奥斯曼帝国苏丹巴耶塞特二世立刻派遣奥斯曼帝国海军到西班牙，把那些被西班牙驱逐的犹太人安全地接到奥斯曼帝国。巴耶塞特二世把犹太人安置在帝国各个省内，并向帝国各个省下达命令，要求他们友好对待犹太人，禁止反犹，否则将处以死刑。

后来的历史发展也证明了巴耶塞特二世是正确的，这些被西班牙驱逐的犹太人，把新的思想、新的技术带进奥斯曼帝国，增强了奥斯曼帝国的国力。

在这个紧张的时期，列奥纳多·达·芬奇来到了威尼斯，想将他满脑子的奇思妙想，用于城市防卫中，比如用竹子做呼吸管连接猪皮做潜水服；再如想要设计他的潜艇……达·芬奇是位天才的发明家，但是对威尼斯此时的战局，没有任何的作用。

[奥斯曼帝国海军在宗奇奥海域]

[《妻子的抱怨》——描绘奥斯曼人生活的绘画]

1502 年，达 · 芬奇为奥斯曼帝国苏丹巴耶塞特二世的土木工程专案制作了一幅单一跨距达 240 米的桥梁草图。

一直到 8 月 12 日上午，希腊沿岸的宗奇奥附近刮起了狂风，奥斯曼帝国舰队认为这是一个机会，于是开始向威尼斯舰队发动进攻。经过一天的正面战斗，遍体鳞伤的奥斯曼帝国舰队突破了威尼斯舰队在宗奇奥海域的封锁，沿着海岸缓慢地驶往勒班陀，并保护陆军顺利登陆。而威尼斯舰队则因为溃败撤退到外海。

之后，威尼斯舰队虽然发动了几次反扑，但是收效甚微，而在勒班陀城内，四面楚歌的守军盼望着威尼斯舰队的救援，可是盼来的却是新月旗帜的奥斯曼帝国舰队，当看到奥斯曼帝国舰队上的一排排大炮时，勒班陀守军迅速投降了。

勒班陀的失陷令威尼斯受到了极大的打击，此战中的指挥官也因为被控诉指挥失当而被判处死刑，甚至有人提议禁止其整个家族的经商权。虽然最终指挥官并未被处死，但其家庭受到了巨大的惩罚，因为他们要支付此战中死亡士兵的高额赔偿金。

得到了勒班陀的奥斯曼帝国，在希腊南面海域沿岸有了前沿阵地，威尼斯的局势更加危险了。

第 10 章 大航海时代的威尼斯

OCEAN *and* CIVILIZATION

VENICE

威尼斯与奥斯曼帝国的纷争还未停息，又迎来了新的贸易危机——葡萄牙、西班牙、荷兰开始用武力涉足海洋贸易，抢占了曾经被威尼斯垄断的香料、棉花、蔗糖、玻璃、染织、重金属等生意，威尼斯的经济地位已然不保，威尼斯人不得不寻找新的出路。

葡萄牙舰队的地理发现：海洋贸易的舞台将转向大洋

勒班陀的失陷使得威尼斯海上贸易局势更加严峻，就在 16 世纪前夕，威尼斯的元老院又收到了这样的消息：1498 年 5 月，葡萄牙的达·伽马船队绕过非洲的南端，横渡印度洋，在卡利卡特（今加尔各答）登陆，并于 1499 年 9 月回到了里斯本。

[邮票上的达·伽马]

❦ [达 · 伽马从卡利卡特（今加尔各答）登陆——1880 年画]

达 · 伽马（约 1460—1524 年），是一位开辟了西欧直达印度航线的葡萄牙航海家，早期殖民主义者。1497 年奉葡萄牙国王之命，率领舰队从里斯本出发，绕过好望角，第二年到达莫桑比克。后得到阿拉伯领航员艾哈迈德 · 本 · 马吉德（通称伊本 · 马吉德）的帮助，终于到达印度西南部重镇卡利卡特，并满载交换来的宝石、香料而归。

新航线开启了一个新的时代

卡利卡特位于印度的恒河三角洲地区，这也就意味着葡萄牙人找到了一条新的通往印度的航线，这是一条震惊了欧洲的“新闻”。在过去 300 年的时间里，威尼斯凭借着地中海航线的优势，几乎垄断了整个香料市场，而香料又是支撑威尼斯海洋贸易最主要的商品。如今葡萄牙发现了通往印度的新航线，使得在威尼斯里亚尔托商业街做生意的商人们，拿着报纸，不停地讨论着此事之后会对威尼斯带来怎样的影响。

关于葡萄牙探险队的更多细节传到了威尼斯：由达 · 伽马率领的葡萄牙探险船队，由于对航线不够熟悉，出发时的 13 艘船，返航时只剩下 6 艘。这对于威尼斯来说，是一个好消息，虽然新航线被发现，但是这条航线的风险太高了，葡萄牙方面可能会放弃这条航线，所以它对威尼斯在东地中海的贸易不至于构成太大的影响。

虽然从后来的事实发展来看，威尼斯的经济并没有因此毁灭，但是葡萄牙人却并未放弃新航线，而且在这条航线上获得了丰厚的收入。

哥伦布的新发现并未给威尼斯带来影响

早在 1492 年 8 月，哥伦布从西班牙的巴罗斯港起航，经过 70 个昼夜的航行，他们发现了陆地，如今我们知道，

[达·伽马墓上的帆船浮雕]
这是达·伽马的旗舰“圣加布里埃尔”号，是一艘卡拉克型大帆船。

哥伦布发现的新大陆就是如今美洲的圣萨尔瓦多（哥伦布到死都以为他发现的新大陆是“印度”）。

哥伦布的发现并没有影响威尼斯商人的情绪，而这次达·伽马探险归来的消息，却引起了威尼斯商人的震惊。这是因为依托强大的情报网，威尼斯商人知道达·伽马的舰队在归来时，满载了香料而回；而哥伦布的舰队只带回了印第安人，却没有带回一粒胡椒。

众所周知，从哥伦布发现新大陆开始，标志着大航海时代的开启。之前，以威尼斯为代表的海洋国家的活动范围局限在地中海附近，自此以后，海洋贸易的舞台将转向大洋，威尼斯也渐渐地被排挤出了海洋帝国的行列。

看到这里，读者不禁会问：威尼斯为什么没有致力于探索新的航线呢？虽然威尼斯不热衷于征服殖民地，但是他们却对非洲航线非常重视，将当时威尼斯的情况和葡萄牙相比，威尼斯似乎更有开辟新航线的能力。更何况写出《马可·波罗游记》，掀起西方探索东方航线热潮的马可·波罗就出生在威尼斯，照理说，威尼斯拥有比其他海洋国家更得天独厚的条件，那么他们为什么不去呢？

这个问题的答案想必会出乎许多人的意料之外，正是因为当时香料生意形势非常好，威尼斯商人又有着绝

[哥伦布]

委内瑞拉前总统查韦斯曾公开呼吁拉丁美洲人不要庆祝“哥伦布日”，他称哥伦布 1492 年的地理大发现带给拉美土著印第安人的是长达 150 年的“种族屠杀”，并称克里斯托弗·哥伦布是人类历史上最大的侵略与种族灭绝的先锋。

对的垄断地位，所以他们不必去开辟新航线就能赚取足够的利润。如果当时地中海的香料市场非常糟糕，威尼斯必定会全力开辟非洲航线，而葡萄牙正是因为想打破威尼斯的垄断，基于香料短缺的状况，才不得不去探险的。

这也许是威尼斯长久以来形成的海洋文明的缺陷，威尼斯毕竟是一个以商人为主的国家，商人们最大的缺点就是更注重眼前利益，在本来就占据着香料生意绝对垄断地位的情况下，威尼斯人缺少足够的动力支持他们的航海家探索通往东方的航线，所以像虽然出生在热那亚，但在威尼斯厮混了多年的哥伦布，也不得不辗转葡萄牙、西班牙，最后在西班牙女王伊莎贝拉一世的资助下，才最终发现了新大陆，完成航海探险的夙愿。威尼斯也正是因为这种短视行为，才在大航海时代渐渐落伍，最终被时代抛弃。

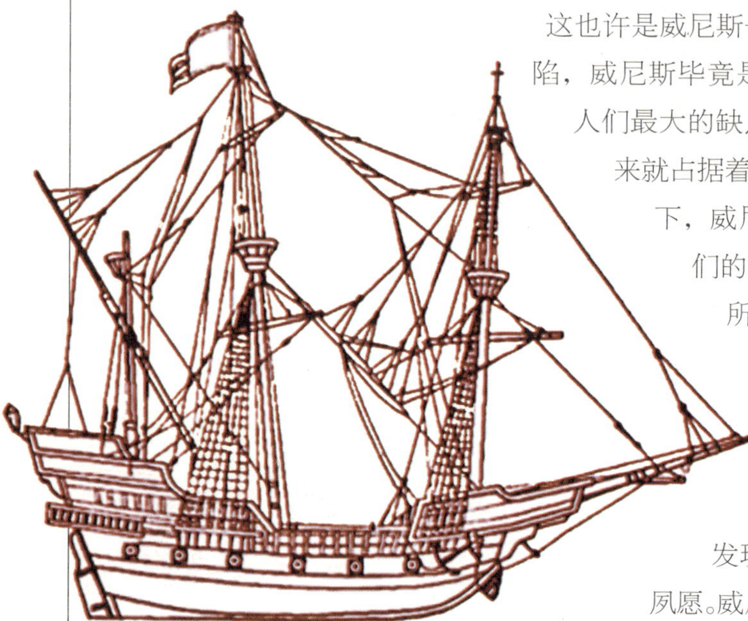

[威尼斯商船——盖伦船]

在 15—16 世纪，威尼斯商人在海洋贸易中，不光要防备新敌葡萄牙，还有旧敌奥斯曼帝国，以及时常出现的地中海海盗。威尼斯政府已经无法为所有商船提供护航，对于不再被提供护航的威尼斯商人来说，他们为了降低运输成本和提高防御，将传统的加莱商船换成了盖伦大帆船。
盖伦船的船长有 30 ~ 40 米，船两侧因为加装有火炮，所以会有许多的炮口，其桅杆还是有 2 ~ 3 个，主要以三角帆为主。

完美垄断香料航线，逼迫葡萄牙另辟蹊径

威尼斯形成的固定香料航线

经过近 300 年的发展，威尼斯到印度和东南亚诸岛的香料贸易线路，由原来的 4 条贸易路线，精简形成了 2 条固定线路：一条是由黑海或亚美尼亚海到达波斯湾，然后再驶向印度和东南亚诸岛的线路；另一条是从叙利亚或埃及经由红海，到达印度和东南亚诸岛的线路。

葡萄牙期望寻找新的贸易路线，降低地中海的贸易地位

自中世纪以来，香料贸易就是欧洲的一种重要经济

[葡萄牙 1519 年出版的东印度群岛和马鲁古群岛（香料群岛）]
此航海图在 1519 年由葡萄牙出版，在这张图上首次描绘出摩鹿加群岛（即香料群岛）的位置。

支柱。热那亚和威尼斯曾为了争夺香料贸易垄断权长期争斗不已。1204 年，为了控制香料贸易，威尼斯曾联合十字军洗劫了拜占庭帝国的首都君士坦丁堡。从那以后，威尼斯商人成为欧洲香料生意的控制者。

在整个运输香料的路线中，阿拉伯人控制了当时唯一的水上和陆地的联运地段，并征收高达商品价值 35% 的关税，正所谓“香料是基督徒的恋物，因此也成了伊斯兰教徒的摇钱树”。单是埃及，据估计每年由此就能获得数十万杜卡特的收入。

因为威尼斯和阿拉伯世界的贸易协定，使得香料的价格人为地昂贵，西欧与南亚之间的香料价格相差达 20 倍之多，香料的暴利吸引了新兴的葡萄牙和西班牙。所以在 15 世纪末期，以迪亚士、达·伽马为代表的葡萄牙

据史料记载，1423 年，威尼斯拥有 45 艘加莱战船，而到 1499 年与奥斯曼帝国开战时，威尼斯拥有 60 艘加莱战船。也就是说经过近 80 年的发展，威尼斯的加莱战船只增加了 15 艘，然而这些数量的战船，已经足以和当时的奥斯曼帝国海军周旋了，可见当时威尼斯海军的力量还是可以的。

航海探险家，才会不遗余力的为了香料，冒着生命危险探索新地区。他们寻找航线的真正目的，是想要打破威尼斯在地中海香料贸易中牢不可破的垄断地位，就当时的形势来看，从固有的贸易路线出手不太容易，还不如重新开辟航线，让新航线降低地中海在海洋贸易中的地位，从而瓦解威尼斯对香料贸易的垄断。

[加了炮的加莱船]

为了确保香料贸易通畅，自1460年以后，威尼斯在加莱船的船艉安装了大炮，主要是为了抵御在海面上的强敌。由于当时的大炮命中率极低，也不能并排轮番轰炸，所以当时战舰上的大炮与其说是用来击沉敌人，倒不如说是靠发出巨响和激起的水柱，给敌军造成心理上的打击。

文明之眼

威尼斯香料航线畅通

威尼斯为什么会开辟香料贸易中的红海航线呢？这条线路虽然很近，但是出没在这条航线上的海盗却很多，航线不安全。对于商人来说，高风险意味着高成本的付出，从常理来说，威尼斯商人没有理由选择红海航线。

这是因为1424年前后，埃及地区内乱。威尼斯向埃及苏丹提供了武器，并且协助苏丹控制了包括亚丁在内的整个红海地区，这大大提升了威尼斯商人在埃及的地位，同时也获得了埃及苏丹的庇护。

从这以后，威尼斯商船不必再因被强迫停靠亚丁港而支付高额的关税，所以威尼斯才会逐渐重视途经红海的这条线路。1453年，奥斯曼帝国攻占君士坦丁堡后，限制了威尼斯对黑海的贸易，而威尼斯的香料航线畅通，所以对威尼斯的经济并未形成致命的打击。

[在拜占庭帝国统治时期的耶路撒冷]

葡萄牙靠武力垄断香料贸易竞争

[耶路撒冷在 68 年发行的银币]

15 世纪后期，威尼斯和奥斯曼帝国之间一直打打停停，由于时局动荡造成香料价格波动很大，比如，胡椒的价格曾最高到每担 100 杜卡特，不过威尼斯商人凭借稳妥的贸易路线，依旧可以很快将胡椒价格稳定在每担 62 杜卡特左右。

葡萄牙用大炮控制了印度洋通往红海的航线

在葡萄牙的达·伽马发现新航线后的第二年，即 1500 年，葡萄牙由佩德罗·阿尔瓦雷斯·卡布拉尔率领的舰队再次前往印度。他们沿途攻击了卡利卡特，还击沉了一艘在印度洋载满香料的阿拉伯商船。从此，印度

[1500 年佩德罗 · 阿尔瓦雷斯 · 卡布拉尔率舰队到达巴西]

佩德罗·阿尔瓦雷斯·卡布拉尔率舰队航行至印度洋沿岸的卡利卡特（加尔各答）时，遭到了当地人的攻击，许多水手被杀。于是，卡布拉尔指挥舰队从海面炮轰了卡利卡特城，从凌晨一直打到深夜，并且洗劫了停在港口内的商船，杀害了无辜船民 600 人。他的这种行为反而受到与卡利卡特城不睦的柯钦、坎纳诺尔等小邦的欢迎，他们邀请卡布拉尔到他们的港口，卖给他大批的香料。卡布拉尔利用当地人的矛盾，在印度沿海建立了永久性的贸易据点和武装据点。后来，卡布拉尔在东非海岸同样利用当地人的分裂，达到了自己的目的。

佩德罗·阿尔瓦雷斯·卡布拉尔的这次成功航行，意味着阿拉伯人和威尼斯人对香料贸易的垄断被打破，更重要的是葡萄牙还留下了据点，控制了香料来源，这使得威尼斯的香料贸易无利可图。

[佩德罗 · 阿尔瓦雷斯 · 卡布拉尔]

佩德罗·阿尔瓦雷斯·卡布拉尔 1467 年出生于葡萄牙里斯本，是一位葡萄牙航海家，被认为是最早到达巴西的欧洲人，曾任葡萄牙王室参事。

洋通往红海的航线，不断受到各方势力的侵袭，航线变得越来越不安全，行驶在此地的贸易商船开始减少，而作为卖方的埃及，也因商品滞销而受到损失，于是便提升售价。比如，胡椒的价格又上升至每担 95 杜卡特。

威尼斯中止了当年的香料贸易，埃及损失惨重

各种香料进货价格在不断增长，香料贸易已经无利可图了，于是威尼斯中止了当年的香料贸易。作为香料贸易的中间商——埃及，因为失去了威尼斯这么大的香料采购商，导致损失惨重。

[1500 年的青铜臼炮和石球炮弹]
这种青铜臼炮远不及奥斯曼帝国苏丹穆罕默德二世攻击君士坦丁堡的乌尔班火炮那么重，但是它的威力却有了大的改进，另外因为自重轻更适合舰载。

因为葡萄牙人绕过亚历山大港，直接从印度那里采购香料，这样埃及就没法赚得差价，所以埃及苏丹以多年贸易伙伴的身份向印度国王要求，不要把香料卖给葡萄牙人。可是印度国王面对葡萄牙人的大炮，即便是与埃及苏丹有交情，也只能放弃埃及，先求保命了。

威尼斯彻底失去了香料贸易

在 1503 年，威尼斯又恢复了香料的航线，但之后的 1504 年和 1505 年，威尼斯的香料贸易几乎完全停滞，因为人们从葡萄牙购买香料的价格仅仅是威尼斯的 1/5。到了 1506 年，原来在威尼斯采购香料的德国大客户，也转投到了葡萄牙新兴的香料贸易区——安特卫普。在此之前，原来在威尼斯采购香料的英国人、法国人、佛兰德斯人都已经开始光顾安特卫普，威尼斯彻底失去了香料贸易。

葡萄牙靠武力垄断市场，奥斯曼帝国同样用武力开启了红海贸易

葡萄牙之所以能够将威尼斯赶出香料贸易市场，靠的不是它的商业竞争力，而是用武力垄断的货源。威尼

斯从香料贸易中出局后，香料采购商不得不出高价购买被葡萄牙垄断的香料，当然，高价之下的销量不那么理想。由此可见，葡萄牙能否长期垄断香料市场，取决于它封锁红海的军事力量。

自 1516 开始，葡萄牙在红海的军事封锁，受到了来自奥斯曼帝国的威胁。奥斯曼帝国在 1516 年和 1517 年相继征服了叙利亚和埃及，控制了麦加。被葡萄牙封锁的红海贸易，再次被开启。

[安特卫普的哥特式教堂设计手稿——1649 年]

1500 年左右，葡萄牙人选择在安特卫普经销印度香料，此后这里逐渐成为 16 世纪欧洲最富有的商业城市，直到今天它仍是世界最大的钻石交易中心，全城有 1600 个钻石公司（主要是犹太人经营），还有各种与钻石有关的博物馆和展厅。这里也是第 7 届奥运会举办城市。

为了对付奥斯曼帝国，葡萄牙成了威尼斯的搬运工

为了对付奥斯曼帝国，葡萄牙联合了与奥斯曼帝国有宿仇的波斯萨法维帝国的伊斯玛仪一世。但是作为条件，葡萄牙必须将从印度运来的一部分香料，由原来的非洲航线改为在波斯卸货，然后经由巴格达运往阿勒颇和大马士革，低价卖给等候多时的威尼斯商人。

为何会这样呢？因为威尼斯的强大情报网早就得到消息，因而提前在阿勒颇和大马士革设立了与亚历山大港规模不相上下的商馆，等待着香料的到来。

[伊斯玛仪一世]

伊斯玛仪一世，中世纪波斯萨法维帝国的创建者。

[大马士革圣保罗教堂]

大马士革位于丝绸之路陆路岔口的古塔绿洲上，正对黎巴嫩山脉，位于黎巴嫩山脉和叙利亚沙漠之间的地带。

波斯是伊朗的古名，历史上波斯人曾在西亚、中亚、南亚地区建立过多个帝国，如阿契美尼德王朝、萨珊王朝、萨法维帝国等。
15 世纪时随着奥斯曼帝国不断扩张，占领了整个波斯的安那托利亚，通过迫害什叶派穆斯林，他们试图稳定被占领地区。
1501 年，对奥斯曼帝国不满的波斯的阿塞拜疆和东安那托利亚民兵（由于他们使用红色的头巾，又被称为“红头”）与萨非教团联合占领了大不里士，推翻了当地白羊王朝的突厥逊尼派君主。
波斯的萨法维帝国在 1501—1736 年统治了伊朗，在鼎盛时期控制了所有现代的伊朗、阿塞拜疆、亚美尼亚、伊拉克、格鲁吉亚、阿富汗、高加索以及部分巴基斯坦（卑路支）、塔吉克斯坦、部分土库曼斯坦和小亚细亚，通常被认为是现代波斯历史的开始。

对于此时的威尼斯来说，已经无力掌控海洋了，除了要应付葡萄牙，还要应付奥斯曼帝国和新兴的英格兰。
1571 年，西班牙和威尼斯的联合舰队战胜了奥斯曼帝国海军，使得威尼斯在地中海贸易地位再次获得提升，不过好景不长，英格兰女王伊丽莎白一世通过授权海盗进行贸易劫掠，使得威尼斯的香料路线陷入危机。

另一方面，葡萄牙船员一向不满政府拖欠他们的薪水，并且由于奥斯曼人的出现，加大了海上的风险。这些葡萄牙船员拿命换来的工钱，被政府拖欠，变成几张白条，所以他们便以香料抵账。将香料偷偷卖给阿拉伯商人，然后这些货物又辗转通过红海，最终低价落入威尼斯商人手里。

威尼斯香料贸易又重回繁荣

低价拿货的威尼斯商人，于 1517 年又在威尼斯重开了香料市场，那些采购商自然更喜欢低价的商品，于是又纷纷重回威尼斯。葡萄牙见此情况，被迫压低香料价格，但由于受其商业模式的影响，降价实施得并不顺利。自 1517 年威尼斯重起香料贸易，到 1530 年，威尼斯在地中海的贸易又重新焕发生机，呈现出像 14 世纪那样一派欣欣向荣的景象。

[阿勒颇城堡遗址]

阿勒颇距离叙土边境 45 千米，坐落在地中海和美索不达米亚之间以及底格里斯河和幼发拉底河之间，距离大马士革以北 350 千米，是丝绸之路的最西端，总面积 190 平方千米。

西班牙合并了葡萄牙后，垄断香料市场的野心被荷兰打破

葡萄牙和威尼斯的贸易恩怨一直延续到1580年，葡萄牙国王因无嗣而逝，王位继承权出现问题，使得葡萄牙国内动乱，而西班牙国王腓力二世是血统最接近的王位继承者，经红衣主教格兰维尔举荐，赋闲7年的西班牙阿尔瓦公爵奉命率军占领葡萄牙，平定葡萄牙内乱，阿尔瓦公爵几周内便攻克里斯本，使西班牙与葡萄牙合并（1580—1640年）。

西班牙急速扩张：国力达到了前所未有的巅峰

西班牙在国王腓力二世的统治之下，国力达到了前所未有的巅峰，版图包括了墨西哥、南美洲、非洲沿岸、菲律宾群岛以及附近的部分南亚地区。而在欧洲，哈

阿尔瓦公爵是西班牙王国最悠久的公爵封号之一。

[葡萄牙国徽]

15—16世纪是葡萄牙的全盛时代，在非、亚、美拥有大量殖民地，是当时的海上强国。这期间，不论在经济、政治、文化上，葡萄牙都已远远超越欧洲其他国家。

[腓力二世]

1580年，腓力二世派遣阿尔瓦公爵率军强行合并葡萄牙（葡萄牙过了60年后才重新独立），当上了葡萄牙的国王，称为菲利普一世（因为他是葡萄牙历史上第一个称菲利普的国王）。

[西班牙徽章]

处于鼎盛时期的葡萄牙因为国王去世，没有子嗣，被西班牙的腓力二世钻了空子，将葡萄牙并入西班牙，也由此使得西班牙国力大增，随着腓力二世四处征战，使得葡萄牙的财富如流水般的被消耗。后来葡萄牙脱离了西班牙，但是国力却一蹶不振，这和西班牙的野心是分不开的。

这个时期的威尼斯因为年年征战，实际上国力已经出现衰败现象，以前由国家组织的护航舰队，已经不能很好地给本国商船护航了。

这个时期的西班牙的海洋实力已经到达了一个巅峰，尤其是其无敌舰队，在海上更是横行无阻。

布斯堡家族也成为西班牙的支持者，其下的统治区自然也是西班牙的领土，另外还有意大利半岛的南部和北部，纵观整个西欧与中亚，能够与之匹敌的只有奥斯曼帝国了。

西班牙国王腓力二世向威尼斯政府提议合作

为了加强在殖民地的建设，西班牙国王腓力二世急需大量经费，所以向威尼斯政府提议，由西班牙运香料，交由威尼斯方独家销售，数量为每年不低于 3 万吨；并且威尼斯只需要向西班牙支付总价 1/3 的现金，剩下的款项在 6 个月内付清即可。不仅如此，最大的吸引力来自于以下两个条件：

第一，西班牙承诺，由西班牙舰队护送威尼斯商船至西西里岛，这样就补上了威尼斯在这一带不太完善的军事网。

第二，关税的降低。西班牙国王承诺，只要威尼斯愿意接受西班牙的军事保护，市场可以扩展至亚洲，而且可以独家享受西班牙给予的最低关税优惠。

威尼斯拒绝了腓力二世提出的优厚合作条件

腓力二世给予的条件对威尼斯来说极其有利，但就是因为太过优惠了，威尼斯反而不敢贸然答应。

威尼斯认为眼下地中海的市场，并不仅仅是香料的进口地，同时也是德国、意大利以及本土产品的出口地。如果与西班牙合作，威尼斯就不得不放弃地中海的其他贸易，假如在这个过程中，香料的价格暴跌，那么威尼斯的经济就会垮台。

另外，由于多年的积累，居住在大马士革、阿勒颇、亚历山大港和开罗等城市的威尼斯商人已经超过 4000 户，他们在各地已经打下了良好的基础，所以基于以上考虑，威尼斯拒绝了腓力二世的合作建议。

之后，西班牙又用同样的条件同米兰、佛罗伦萨和热那亚等地的商人提出合作意向，但都遭到了拒绝。

西班牙的香料生意合作伙伴也未能做长久

到了 1586 年，西班牙的合作伙伴终于出现，它是以德国的富格尔家族为首，由西班牙商人、葡萄牙商人和意大利商人共同出资，为香料生意而特意组建的一家投资公司。1591 年该公司的商业活动正式开始，起初双方合作得相当不错，但没过多久就因为缺货而停滞了。为什么会没货呢？这是因为 1588 年西班牙在与英国的海战中失败，导致英国海盗非常猖獗，受此影响，西班

[1606 年之前的英格兰国旗]

代表英格兰的白边红色正十字是英格兰主保圣人圣乔治的象征。

[1588 年西班牙无敌舰队与英格兰海军之战]

16 世纪中后期，英格兰女王伊丽莎白一世，授权海盗在海上劫掠商船，影响了西班牙的利益，老牌的殖民帝国西班牙并没有把英格兰放在眼里，决定教训一下英格兰。1588 年，西班牙庞大的“无敌舰队”，包括 130 艘各类战舰和大约 3 万名水手和士兵，直驶英吉利海峡，远征英格兰。然而却在格拉沃利讷海战中被英格兰海军打败，损失惨重，此战之后西班牙开始衰落，英格兰开始逐渐走上海洋霸主之路。

牙运回的胡椒价格太高，就连富格尔他们创建的公司都转而向威尼斯采购，因为采购威尼斯的香料更有赚头。

[德国富格尔家族徽章]

德国富格尔家族是一个从 14 世纪下半叶的织布商开始兴起的名门贵族。富格尔家族历史可以看作德国文艺复兴时期无与伦比的成功故事典范。

荷兰瓦解了西班牙垄断香料市场的野心

17 世纪初，因为英国和荷兰的崛起，西班牙国王和德国商人企图垄断香料市场的野心，终于化成泡影。也正是在那时，由于荷兰不但控制了贸易航线，还将香料产地变为自己的殖民地，于是荷兰完成了西班牙没有做完的事情——完全控制了香料市场。

[英国海盗德雷克]

隐藏在德雷克“国家英雄”“航海家”“探险家”光环背后的是他的海盗身份。伊丽莎白一世时代的英格兰实力远远落后于当时称霸海洋、经济实力强大的西班牙和葡萄牙，处于极度贫穷的状态。“海盗钱”实际上是当时弱小的英格兰富国强兵的重要手段。

[西克斯图斯五世]

1588 年西班牙帝国和英格兰爆发格拉沃利讷海战。西克斯图斯五世站在西班牙一边，发表特别诏书，号召天主教徒参加对英格兰作战，还专门拨出 100 万银币充作军费，最后由于西班牙惨败，他的威望也大损。

1580 年，英格兰女王伊丽莎白一世秘密投资 4 万英镑，成立了“黎凡特公司”，女王投资的钱占了该公司全部资产的一半，公司垄断了对奥斯曼帝国的贸易。

1600 年，伦敦商人在伊丽莎白一世女王的支持下成立了著名的“东印度公司”，有对好望角以东的国家特别是印度进行贸易的垄断权。

威尼斯经济衰退不仅仅是因为香料贸易

荷兰对香料贸易的垄断，对威尼斯的打击是致命的。但是威尼斯的香料贸易，还是又艰难地撑过了一个多世纪。对于威尼斯来说，经济衰退不仅仅是因为香料贸易，在其他商品贸易中也被逐渐淘汰出局，比如蔗糖、棉花、染料和重金属等。

[荷兰国旗]

荷兰在16世纪初受西班牙统治。

1581年废除西班牙国王对荷兰各省的统治权，成立荷兰共和国（正式名称为尼德兰联省共和国）。

从西班牙获得独立之后，荷兰发展成为17世纪的航海和贸易强国。当时荷兰的商船数目超过欧洲其他国家商船数目总和，被誉为“海上马车夫”。荷兰在世界各地建立殖民地和贸易据点。这段时期在荷兰被称为“黄金年代”。

1602年，荷兰联合东印度公司成立。

蔗糖的栽培严重打击了威尼斯的商业

欧洲中世纪时期的蔗糖，主要的货源来自于威尼斯人在塞浦路斯岛经营的农庄。但自1470年开始，葡萄牙人发现了马德拉群岛，并在这里开始用大量奴隶进行甘蔗栽培和提炼蔗糖，随后这些蔗糖开始进入西欧。到1490年，威尼斯的蔗糖批发量只有葡萄牙控制下的安特卫普的1/3。蔗糖市场的失利，对威尼斯是一个沉重的打击。为了寻找新的商机，威尼斯人开始在塞浦路斯岛改种棉花。

棉和染料这种转手贸易变得无利可图

很快，威尼斯在塞浦路斯岛种植的棉花产量增加到

[塞浦路斯岛]

❦［布拉吉莱（巴西红木）］

16 世纪葡萄牙的航海家发现新大陆有一个国家大量生长巴西红木，这种树木可提取红色染料，于是葡萄牙人便大举开采并运回欧洲，久而久之大家都忘了这个国家的名字，而将这个国家称为巴西（Brazil，巴西的国名源自巴西红木，而不是巴西红木以巴西国名命名）。

❦ 根据历史学家斯塔夫里亚诺斯的说法，从 1503—1660 年，西班牙从美洲得到了总计 1.86 万吨注册的白银和 200 吨注册的黄金。未经注册的、私运入西班牙的金银估计占总数的 10%～50%。

❦［苏尔多银币］

古代丝绸之路国家苏尔王朝银币。

原来的 3 倍，时值德国棉纺织业兴起，所以不愁销路。于是整个 16 世纪，塞浦路斯岛的棉花始终是威尼斯市场的热销产品。加上威尼斯还做棉线和染料生意，这样对于采购商来说非常方便。

到了 16 世纪以后，原来只有在希腊橡树上的一种虫子身上才可以提取的红色染料，被发现在一种叫布拉吉莱（巴西红木）的树上也可以提取，而出产这种树的地方来自巴西，巴西又被葡萄牙殖民。新的可以提取红色染料的树的出现，对威尼斯的染料生意带来了极大的冲击。

美洲白银的出现冲击了威尼斯稳定的经济

以前，欧洲的白银和黄铜主要产自德国和匈牙利，威尼斯商人会将其运到各地，与当地商人们交换黄金，可自 1580 年开始，葡萄牙在美洲发现了成色更好的白银，威尼斯销售的德国白银便被逼出了市场。

到了 16 世纪末期，用于交易的银币含银量开始减少，比如有如下官方记录为证：

1455 年，1 杜卡特金币兑换 124 苏尔多银币；

1515 年，1 杜卡特金币兑换 124 苏尔多银币；

1593 年，1 杜卡特金币兑换 200 苏尔多银币。

兑换比例的提高，说明银币中含银量的减少，来自美洲的白银带来了通货膨胀，强烈冲击了保持了近 300 年的威尼斯经济体系。

❦ 从 1503 年欧洲人发现美洲银以来，虽然对威尼斯的货币用白银有影响，但是因为运输风险以及美洲银矿成色和提炼技术等问题，对当时威尼斯的货币乃至整个欧洲的经济并未造成太大的影响。但是到了 1580 年，西班牙合并了葡萄牙，使得葡萄牙和西班牙的海上运输更加安全，随之又发现成色更加好的银矿，大量成色好、价格低的白银涌入欧洲市场，狠狠地冲击了威尼斯的白银贸易。

当时整个欧洲的白银市场都被西班牙给打乱了，甚至连远在东亚的中国白银市场也被美洲银给垄断了。

发展制造业，威尼斯经济实力仍然傲视群雄

到了16世纪时期的威尼斯经济，并没有被急速变化的新时代所吞没。自从葡萄牙、西班牙涉足海洋贸易开始，威尼斯人便知道贸易垄断已经变得不可能，他们开始寻找新的商机。

葡萄干和葡萄酒成为新兴的热门商品之一

来自伯罗奔尼撒半岛的玛尔维萨的葡萄酒受到英国上流社会的喜欢，为此威尼斯商人特意在克里特岛和塞浦路斯岛种植葡萄，然后加工成葡萄酒。这种葡萄酒因为价格昂贵，需求量有限。但随着航运风险的减少和生产量的提高，在15世纪末期，威尼斯成功地将价格降至原来的一半，因此购买量自然就提高了不少。

另外，葡萄干也成了热门商品。这是因为英国人爱吃的葡萄干布丁和磅蛋糕（pound cake）里必须加葡萄干，因此威尼斯商人又在伯罗奔尼撒半岛西端的扎金索斯岛建立了生产基地，大赚了一笔。

[葡萄干布丁]

葡萄干布丁是英国的传统食品。它是从古代用来表示掺有血的香肠的“布段”所演变而来的，是由当时的盎格鲁－撒克逊人所传授下来的。诞生于16世纪伊丽莎白一世时代，它由肉汁、果汁、水果干及面粉一起调配制造。

[烘焙中的欧洲女人]

在16—17世纪，烘焙成了英国乃至整个欧洲的一种潮流，有一手好的烘焙技艺的妇女被视为好的家庭主妇。当时就有烘焙学校，专门教人时兴的烘焙技术。

这个时期糖浆和无核小葡萄干开始兴起，圆形厚重的蛋糕和面包中都会放入很多黄油、奶油和葡萄干。威尼斯人抓住了欧洲人的这次流行风向，建立了葡萄干生产基地。

毛纺织业飞速发展

通过一系列的努力，威尼斯经济在16世纪得到了发展，其中最明显的就是毛纺织业。

从前，威尼斯在以米兰为中心的伦

巴第地区和以佛罗伦萨为中心的托斯卡纳地区有两大毛纺织生产基地。威尼斯向这里的厂家提供原料，并负责他们的成品销售。16 世纪初期，意大利政局动荡，战争频发，不断遭到德国、西班牙和法国等入侵，这里沦为欧洲的战场，幸运的是，威尼斯居住的潟湖还是安静的。外面的战火破坏了工厂，致使工人失业，也令商人失去了投资的兴趣，需要养家糊口的工人们便来到威尼斯寻找工作机会。于是，威尼斯就这样不费吹灰之力地引进了毛纺织业的技术人才。

[16 世纪威尼斯蓟草纹织物]

据史料记载：1516 年，威尼斯的毛纺织品年产量为 2000 匹；到了 1565 年，毛纺织品年产量为 2 万匹，增长了 10 多倍；4 年后的 1569 年，年产量达到了 2.6 万匹，到了 1598 年，威尼斯毛纺织品的年产量以每年 9.6% 的速度持续增长，进入了高速增长期。

[17 世纪的欧洲纺织机]

16 世纪以后，欧洲手工纺织机开始有了较大的改进。但是直到 17 世纪，欧洲其他国家的纺织机仍多沿用比较原始的形式。而此时的威尼斯已经大量地使用比较先进的纺织机，织物远销欧亚。

丝织品成为需求暴增的产品之一

作为中国人，对丝绸无比熟悉，但此时威尼斯的丝绸，跟我们的不一样。他们的丝线来自波斯，然后经过威尼斯商人之手卖往德国的法兰克福、科隆这些地区，在那里制成成衣，再卖给君士坦丁堡人。

到了 16 世纪，丝织品成为需求暴增的产品之一。于是威尼斯由原先简单的贩卖丝绸，变成了贩卖、加工、销售为一体的商业模式，加上威尼斯的劳工人数比从前增加了 3 倍，至 16 世纪末期，威尼斯从事丝织品工作的劳工数量，据说已经超过了传统造船业的木匠和油漆工了。

虽然这些丝织品的细致程度不能跟我们国家现在的丝绸相比，但是在当时的欧洲，丝织品已经被许多人喜爱，成为西欧人最喜爱的商品之一。

肥皂加工产业的增长

肥皂加工是 16 世纪时期威尼斯急速发展的产业之一。早期的肥皂被威尼斯人作为武器使用。看到这里，读者可能会问：肥皂怎么是武器呢？是的，威尼斯加莱船上，常备有数量可观的肥皂粉，这不是给船员洗澡用的，而是作为武器用的。到了后来，随着社会的发展，人们渐渐开始注重个人卫生，于是威尼斯商人在潟湖上设立了不少肥皂加工厂，利用大量廉价的劳工，将肥皂粉直接加工成了可以去污的肥皂块，并在欧洲大卖特卖。肥皂由此从武器变成日用品。

玻璃制造业也获得了大的发展

威尼斯的玻璃制造业也在16世纪进入巅峰，像玻璃水槽、玻璃吊灯这样的加工品，深爱欧洲人喜欢，尤其是沙漏型的钟，几乎垄断了整个市场。

另外从16世纪开始，眼镜制造技术已经成熟，眼镜开始走入普通人的生活中，到16世纪末期，又出现了望远镜。

除了上述产业之外，威尼斯商人还通过很多商业手段，能够精确地摸准贸易的脉门，在危机到来前及时抽身，除了突发的意外，威尼斯的经济就不会轰然倒下。

[威尼斯玻璃吹制——18世纪意大利水彩画]

从15世纪末到16世纪初，威尼斯的玻璃器皿以它的特殊技术而享誉欧洲。这种工艺叫作 soufflage，翻译成中文大概就是“吹”工艺。这种制作方法，很长时间以来都为威尼斯手工匠人所独有，也是他们的秘诀，整个欧洲只有他们才能做出形状各异、颜色鲜艳的玻璃器皿。

在16世纪初，威尼斯玻璃技师将原来无色透明的玻璃，按一定的配方制造出颜色鲜艳的玻璃，比如在玻璃中掺入铜或钴的化合物，制造蓝色玻璃，而最著名的穆拉诺血红玻璃，是按秘方搀入黄金制成的。

据记载，1536年威尼斯已有专门采集消息的机构和贩卖手抄小报的人，1566年这里又出现定名的小报，名为《手抄新闻》（Notizie Scritte）。这种手抄小报内容主要是商品行情、船期和交通信息，间或也报道政局变化、战争消息和灾祸事件，因为这些都会影响到贸易和交通。

第 11 章
威尼斯的衰落

虽然在勒班陀海战中战胜了奥斯曼帝国，但是威尼斯迎来了更大的压力——大国纷纷崛起，威尼斯也只能安守本分，在大国的夹缝中做着自己的生意，再也不敢招惹麻烦，但是往往事与愿违，你不找麻烦，麻烦照样会找你。1645 年，奥斯曼帝国大军开始向威尼斯发难。

勒班陀海战后大国纷纷崛起，威尼斯海军力量进一步被削弱

1570 年 4 月，奥斯曼帝国正式通知威尼斯，塞浦路斯岛必须立刻交给奥斯曼帝国管辖，否则就要开战。奥斯曼人已经抽出了明晃晃的弯刀，高高地举到了威尼斯人的头上。

此时的威尼斯军事实力已经大不如前，无力抵抗奥斯曼帝国军队，只得向基督教世界求救。教皇庇护五世认为这是基督教与伊斯兰教之间的决战，其他国家不能作壁上观，最终在他的劝说下，包括西班牙、威尼斯在内的地中海沿岸诸国组成神圣同盟，组建基督教联军。

1571 年，在奥斯曼帝国的强大海军向欧洲发起进攻时，由西班牙殖民帝国、罗马教廷和威尼斯组成的基督教联合舰队与奥斯曼帝国舰队在勒班陀海角发生了一场大战。

西欧的基督教联合舰队总司令由奥地利的唐·胡安担任，他是西班牙国王腓力二世同父异母的兄弟。基督教联合舰队约有 208 艘桨帆战舰，多半来自威尼斯和西班牙，少部分是教皇和热那亚等的。海上人员共有 4.4 万，包括桨手和 2.8 万名士兵。

[勒班陀海战前丢失的第一座城池——法马古斯塔的布局图]

奥斯曼帝国的舰队由阿里·巴夏指挥，大约有 250 艘桨帆战舰，5 万名水手和 2.5 万名士兵。

当时作战双方的大型桨帆战舰，均是狭长形的平底船只，与古希腊和罗马时代的战舰差不多。但在过去安装撞角的水线上方，安装了一个 18 英尺（约 5.5 米）长的钉爪吊桥。基督教联合舰队士兵装备有火绳枪，这种枪是滑膛枪的前身，而奥斯曼帝国大部分士兵此时仍用弓箭。

[唐·胡安画像]

唐·胡安（唐·约翰或唐·璜）是西班牙国王卡洛斯一世和芭芭拉·布隆伯格的私生子。刚出生就被交给一个巴塞罗那贵族抚养。1559 年腓力二世带他第一次与隐居的父皇见面，赐名奥地利的唐·胡安，算是认祖归宗。

双方在勒班陀海角进行了 4 小时激战，奥斯曼帝国舰队惨败，指挥官阿里·巴夏及 3 万名将士战死，8000 人被俘，损失舰船 230 艘。基督教联合舰队损失将士 1.5 万人、舰船 13 艘。勒班陀海战后，奥斯曼帝国海军遭到毁灭性打击。

[桨帆战舰]

[塞巴斯蒂安 · 维内罗——画像由文艺复兴时期著名画家丁托列托所绘]

勒班陀海战中，威尼斯舰队海军司令由 75 岁高龄的塞巴斯蒂安 · 维内罗（1497—1572 年）担任，他被威尼斯国民寄予厚望。他也是一位老派威尼斯贵族，对西班牙和热那亚抱有成见。

[奥斯曼帝国海军司令阿里 · 巴夏]

据说由于阿里 · 巴夏出身低微，其父亲只是一位穆安津（伊斯兰世界中清真寺的宣礼员），这也是他的绰号“穆安津之子”的由来。年轻时的阿里 · 巴夏子承父业，在君士坦丁堡从事同样的工作，由于他的嗓音犹如天籁，竟直达苏丹皇后耳畔，并得到了后者垂青，于是进入宫廷，成为朝臣，后来更晋升为苏莱曼大帝的驸马。到 1571 年时，他已官居第四维齐，同时兼任“卡普丹帕夏”（Kapudan Pasha，即奥斯曼帝国海军司令）。

此战后，欧洲基督教国家积极地抗衡奥斯曼帝国的势力，使得地中海军事格局出现逆转。同时，随之而来的大国崛起，使威尼斯的海军力量进一步被削弱。威尼斯虽然富有，但不是人口和土地大国，只是一个城邦国，没有大国的威慑力，所以在 16 世纪以后的岁月里，威尼斯只能在大国林立的夹缝中，继续寻求着自己的贸易机会。

[勒班陀海战胜利纪念油画]

文明之眼

勒班陀海战引发的思考

勒班陀海战中，威尼斯方面派出了110艘战舰，加上西班牙和教廷以及其他基督教国家派出的98艘军舰，总共208艘战舰，这才凑齐了差不多与奥斯曼帝国海军相当的规模。

从1423年的45艘，到1571年的110艘，威尼斯的海军实力增加了1倍以上，但就是这样的海军装备，依旧无法超越远征的奥斯曼帝国的海军力量。

威尼斯的战士需要付钱，而奥斯曼帝国则使用奴隶

为什么威尼斯无法成为海军强国呢？是威尼斯没钱吗？

是，也不全是，这个问题可以从几个方面思考，威尼斯一直不缺钱，他们有足够的钱打造更多的战舰，但是威尼斯缺的是能够作为战士的人，在威尼斯战舰上的船员都是自由人，必须支付薪水，这些人在战争中受伤或者死亡，对威尼斯来说都是一笔不小的支出。当然，这也让威尼斯成为许多公民愿意定居的地方。

[勒班陀海战中西班牙率领的基督联合舰队所用的旗帜]

而奥斯曼帝国的战舰上配备的战斗人员大部分是奴隶，西班牙也是如此。这样的船员，奥斯曼帝国可以完全无视他们的意见，强行使用，并且不需要支付薪水，这一点威尼斯做不到。

海上高速公路保证了商船的安全，也增加了军费

另外一点，虽然威尼斯凭借海上高速公路，最大限度地保障了本国商船的航行安全，但是也增加了庞大的军费，用以维护从本国到各个据点的正常运转。并且由于威尼斯在宗教信仰和地理位置的尴尬，当威尼斯与伊斯兰世界交好时，西欧的基督教徒就会视它为眼中钉，反之，穆斯林海盗也会如此，所以，威尼斯的战舰必须常年处于战备状态，而这笔开资仅仅是日常开销，一到战时，这笔军费会成倍增长，这是奥斯曼帝国和西班牙这种国家无法想象的。

大国崛起：威尼斯这样的共和制城邦渐渐没落

这里所说的大国，不是像威尼斯这样的城邦国家，而是像英国、法国这样的领土国家开始崛起。威尼斯这样的共和制色彩的城邦，已经开始渐渐被一些君主制的大国取代。

威尼斯的人均生产力非常高，据史料记载，威尼斯当时的人口有 10 万～20 万，他们创造的国民总收入相当于人口约 1600 万的奥斯曼帝国的国民总收入。

东方大国之奥斯曼帝国

奥斯曼帝国自 1517 年占领麦加之后，便顺利地成了伊斯兰世界的精神领袖。比如，1520—1566 年的奥斯曼帝国苏丹苏莱曼大帝，是一个拥有庞大领土的伊斯兰帝国的统治者，其治下的疆域，西起蒙古，东至波斯湾西岸，北自克里米亚，南至维也纳。

[苏莱曼大帝的妻子许蕾姆苏丹]

大国崛起之西班牙

16 世纪之后，君主制的西班牙迎来了一位前所未有的英明国王，他就是卡洛斯一世。1519 年，卡洛斯一世当选为神圣罗马帝国皇帝，成为基督教世界的国王领袖。

[奥斯曼帝国苏丹苏莱曼大帝]

[在听哥伦布讲述航海冒险计划的西班牙国王和王后]

[哈布斯堡家族标志]

腓力二世是西班牙哈布斯堡王朝第二位国王。哈布斯堡家族是欧洲历史上统治疆域最广的封建家族。

其下拥有了德国、西班牙、尼德兰、意大利的那不勒斯、西西里、米兰以及一些新发现的大陆的领地。

之后，卡洛斯一世的儿子腓力二世继承了西班牙王位，在 1556—1598 年统治期间，西班牙迎来了自己的巅峰时代。

人口大国之法国

法国由于国家实力雄厚，并且是西欧唯一一个适宜耕种的国家，它高达 1600 万的人口数量在当时的欧洲首屈一指。尽管内乱不断，但是在西欧能和西班牙帝国抗衡的也只有法国了。

自 16 世纪开始，共和制色彩的城邦国家不断消失，而中央集权的大国纷纷崛起，威尼斯的海洋贸易据点被这些大国挤压得只剩下克里特岛。

威尼斯失去最后一个据点，标志着威尼斯海军彻底失去了海洋

自 1573 年威尼斯与奥斯曼帝国停战后，威尼斯与奥斯曼帝国之间保持了超过 60 年以上的和平，当然，这对双方都是有好处的：威尼斯经济需要地中海贸易；而奥斯曼帝国则通过威尼斯销售自己的商品，并且还能收取关税。这仿佛才是双方真正需要的和平。

威尼斯需要的是贸易，是和平，在没有强大的军事力量做靠山，又必须为了经济与他国维持友好关系的时候，只有不断向这些国家提供它们所需要的好处。可是，虽然威尼斯方面极力避免与奥斯曼帝国开战，但终究无法避免。

[易卜拉欣一世在位时铸造的硬币]

替马耳他骑士团背锅

1644 年 9 月，马耳他骑士团的舰队突袭了一支从君士坦丁堡开往亚历山大港，准备朝圣的船队，俘虏了船上 300 多名贵族及苏丹的 30 多名后宫女眷。

消息传到了君士坦丁堡，时任奥斯曼帝国苏丹的易卜拉欣一世（又称为穆罕默德四世），认为这是威尼斯暗中勾结马耳他骑士团，有意侮辱奥斯曼帝国，并且不顾威尼斯大使的道歉，欲强行开战，攻打克里特岛，以解心头之恨。

[奥斯曼帝国苏丹易卜拉欣一世]

向西欧世界求援

克里特岛是当时威尼斯在地中海上仅存的一个贸易据点，岛上有威尼斯正规军约 8000 人，于是威尼

[奥斯曼帝国苏丹召见重臣]

斯政府将消息立即送到克里特岛上，同时也给教皇和西欧诸国发出了求援的信函。

其实威尼斯的主要求援对象是西班牙，可这时的西班牙正在和奥地利发生战争，无暇抽身，威尼斯的求援信犹如石沉大海，只能孤军奋战了。

长达 25 年之久的战争

1645 年，奥斯曼帝国派出一支由 416 艘战舰组成，搭载 4.5 万水手和 5 万陆军的舰队向克里特岛驶去。

自此开始，奥斯曼帝国和威尼斯在克里特岛进行了长达 25 年的战争，每当双方遭遇就会来一场小战，这是一场持久战，作为入侵方的奥斯曼帝国，因为是一个庞大的帝国，粮草用完了就回去补充再战，另外，奥斯曼帝国不断派来援军、更换主帅，对克里特岛进行轮番作战。再看威尼斯这边，虽然威尼斯的贸易很厉害，但毕竟只是个城邦国家，能够拖住奥斯曼帝国 25 年，也足见其经济实力。

1669 年 9 月 5 日，威尼斯在克里特岛上剩下的 3000 名士兵，离开了坚守 25 年的克里特岛，搭上了驶回威尼斯的船，这也标志着长达 25 年的克里特岛保卫战以威尼斯的失败而结束。

至此，标志着威尼斯海军彻底失去了海洋，也标志着威尼斯彻底失去了海洋自由贸易权。

[1697 年的威尼斯]

威尼斯成了意大利的一个城市

随着时间的推进，进入了 17 世纪巴洛克时代，这个时期是西欧君主制国家的全盛时期。

虽然这时的西班牙进入了衰退期，但是法国却迎来了路易十四的辉煌时代；而英国则在克伦威尔之后，王权不断强化；奥地利帝国控制了匈牙利；俄国虽然刚刚起步，但随着 18 世纪初期彼得大帝的出现，成就了另一种局面。

在纷繁的西欧君主制全盛时期，威尼斯人却躲进了潟湖，享受着工业成果，但战争的炮火不会因为威尼斯人向往和平而改变方向。

1797 年 5 月 12 日，拿破仑率大军（第一次反法同盟期间）占领了威尼斯，并将威尼斯交由奥地利管辖，威尼斯共和国宣告灭亡，这恰好是威尼斯独立后 1100 年。

1797 年后，威尼斯陷入低潮，许多旧广场和建筑被弃置，城市废墟多了起来。

1805 年，拿破仑从奥地利手中夺回了威尼斯，将其并入意大利王国。

1814 年，拿破仑战败，威尼斯被威尼西亚王国统治，威尼西亚王国此时被奥地利掌控。

1848—1849 年间，在马宁的带领下，威尼斯人再度建立了威尼斯共和国。

1866 年普奥战争后，威尼斯与威尼西亚王国的其他地区成为现代意大利的一部分。

第 12 章 成就威尼斯之软实力

在政治、经济、宗教反复无常的地中海沿岸，威尼斯神奇地延续了 1110 年的共和制，靠的不是雄才伟略的政治家，而是一群唯利是图的商人。一帮极端现实的商人，使用经营私人企业的手段统治国家，只问利益，埋头做生意，即便因此背上骂名也不在乎。他们的名言是“先做威尼斯人，再做基督徒”。

威尼斯共和国的基石——共和制

随着威尼斯的发展，居民越来越多，物质财富的积累让共和制产生了许多可以钻的漏洞。比如就拿选举来说，众所周知，共和就是选举，就是不搞世袭。元首是由众人选举而产生的，可是当有人或某个集团在承诺了肉眼可见的福利之后，选民就有可能会被误导。而巴掌大的威尼斯承受不了这样因误导而产生的后果。为了防止出现意外，威尼斯制订了复杂的选举策略。

世袭的议员资格

威尼斯的选民资格并不是人人都有，而只局限于议员。议员是可以世袭的，一旦当选为议员，也就意味着：缴纳更多的税金；打仗担任更重要的职务；购买更多的国债……将议员的利益与威尼斯共和国的利益紧密相连，一旦国家出现问题，议员的利益首当其冲。

双保险的选举制度

在选举时还有一层保险，即使用选举加上抽签的策略。因为光靠选举，野心家很可能当选（如希特勒）；光靠抽签，笨蛋也可能当选。以威尼斯 1172 年的选举流程为例：

先从 100 多个议员里，以抽签的方式选出 30 人，这 30 人再抽签选出 9 人，由这 9 人选出 40 人，40 人抽签留下 12 人，12 人选出 25 人，25 人再抽签留下 9 人，9 人选出 45 人，45 人再抽签留下 11 人，11 人选出 41 人，最后这 41 人投票选元首，票数超过 25 票的当选。

看到上面复杂的选举过程，不仅是现如今的人们，甚至连当时的威尼斯人也记不住，经常会出现这样的情况：在一轮选举中，某人遭到淘汰，但下一轮选举中，该人又被提名了。如此繁琐、复杂的选举流程，为的就是防止人为操纵。

[民主选举出的独裁者]

关于希特勒上台，有一个普遍的说法：希特勒是一位通过民主选举获得执政地位的独裁者。

将共和制贯彻到底

威尼斯从 687 年建立共和制，到 1797 年被拿破仑灭国，它保持同一体制持续了 1110 年，这在世界历史中也是罕见的。为了确保共和制随共和国发展，威尼斯不仅要确保选举的公平、公正性，也要粉碎某些人想要世袭的梦想。

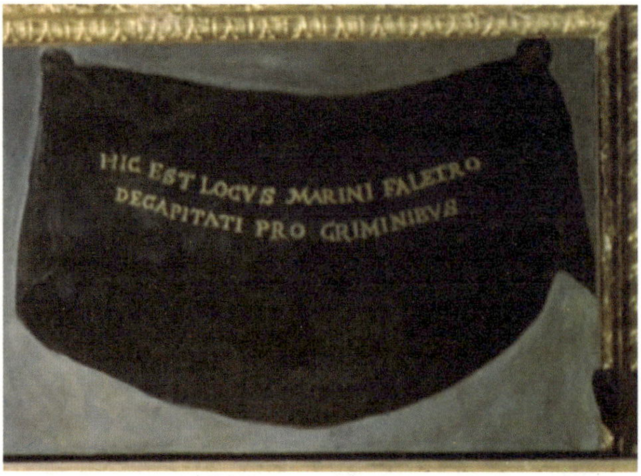

[道奇宫本该出现马里诺 · 法列罗肖像的位置]

奥赛罗二世

在威尼斯元首皮耶托·奥赛罗二世统治的后期，他曾想任命自己的儿子为联席元首，为日后的子承父业打基础。结果，精明的威尼斯人洞察了他的意图并坚决反对，在奥赛罗二世卸任后，他那些不甘心的子孙蠢蠢欲动，最终都被赶出了威尼斯。

[《马里诺 · 法列罗的斩首》]

法国画家欧仁 · 德拉克洛瓦于 1826 年创作的油画，现藏于伦敦华莱士收藏馆。

马里诺 · 法列罗

不要以为只有元首想要搞事情，有时候，元首也是被逼无奈。比如像威尼斯元首马里诺·法列罗（1354 年当选），他是威尼斯历史上最耻辱的元首。因为在威尼斯“十人会议厅”里，曾经挂着历代 100 多位元首的肖像，而在他的位置则写上了：“这是因背叛而被处死的马里诺·法列罗的位置。”

关于马里诺·法列罗的故事有很多个版本，本书介绍最八卦娱乐的一个版本。据说马里诺·法列罗在一次宴会中，带着他年轻漂亮的妻子参加了，或许由于其妻子过于明艳动人，令一个名叫斯泰诺的年轻人非常心动，于是在众目睽睽之下，激烈地亲吻了马里诺·法列罗的妻子。这件事在男人看来肯定是不能忍的，于是马里诺·法列罗当众将斯泰诺赶出了宴会，要说这个处罚确实也不重。可斯泰诺却对此事耿耿于怀，在“十人会议厅”的橡木椅背上刻下了侮辱性的铭文：“马里诺供养的娇妻被别人享用。”

正所谓好事不出门，坏事传千里，第二天这个事情就被传开了，于是马里诺·法列罗便将斯泰诺关进了监狱。至于定什么罪，法律规定，需要经由威尼斯的十人会议决定，考虑到斯泰诺少不经事，十人会议只判了关他两个月，然后将其赶出威尼斯。

这个结果令元首马里诺·法列罗愤怒不已，堂堂威尼斯共和国的元首，被“绿帽”了，却不能干涉法律，于是他便开始与身边人密谋，妄图推翻威尼斯共和国，建立集权制政府，然而事情很快败露，刚当选 6 个月的元首，就在总督府里被以叛国罪斩首了，还连累了 100 多个同谋一起被处死。

维塔·米迦勒二世

维塔·米迦勒二世是威尼斯共和国的第 33 代元首，他在位的时间为 1096—1172 年，在他担任元首期间，其家族势力迅速膨胀，他的子孙也都在国内担任职务，且个个德高望重。也正是因为家族具备极强的实力，使得维塔·米迦勒二世的野心膨胀，他试图将元首之位传给自己的儿子，并将威尼斯共和国的政权变为王位世袭制。

[维塔·米迦勒二世的签名和徽章]

他的这个野心才刚露出一点苗头，就被威尼斯市民识破，这激起了市民们的抗议与不满。维塔·米迦勒二世最终只能放弃计划并打算隐退。但是，威尼斯市民并没有给他这个机会，而是秘密地将他杀害了。

在威尼斯共和国的历史上，元首可以没有惊世的才干，但只要稳定好内部政权，让商人们放心的贸易，威尼斯共和国这条船就可以平稳地行驶在世界海洋之上。

文明之眼

皮耶托·奥赛罗二世

在皮耶托·奥赛罗二世15岁的时候，他的父亲皮耶托·奥赛罗一世就被选为威尼斯元首，978年，由于政局太过糟糕，面对神圣罗马帝国和拜占庭帝国的拉拢和威胁，奥赛罗一世放弃了元首大位，称病隐居于修道院中。

时隔13年后，991年，皮耶托·奥赛罗二世成为威尼斯共和国历史上最年轻的元首，开始了他的时代。奥赛罗二世的性格果断而坚决，也正是因为具备这样的性格特点，才使他带领威尼斯一路突破重围，铸就了一个时代的辉煌。

在奥赛罗二世执政之前，威尼斯的经济活动已经基本处于瘫痪状态，距离威尼斯很近的巴尔干地区成为许多实力大国的战争缓冲地带，该地区的不安宁直接影响了威尼斯的经济活动。奥赛罗二世上台后，采取了一系列措施解决了这个困境。

在奥赛罗二世上任后的第二年，也就是992年5月，威尼斯与拜占庭帝国签订了新的条约，内容虽然和之前签订的条约没有大的区别，但为在君士坦丁堡经商的威尼斯人争取了无与伦比的优惠条件；另一方面，

奥赛罗二世最大的功劳在于他打击了海盗，从而使仅有5万人的威尼斯，成了亚得里亚海的“海上警察”。时至今日，在亚得里亚海沿岸，仍然能看见威尼斯人几百年前建造的要塞遗址。

奥赛罗二世的另一大功绩就是建设海上高速公路。他将“罗马大道”的商贸服务概念应用于航线上，在此后的800年里，奥赛罗二世提倡建设的海上高速公路，成了威尼斯商人赖以牟利的贸易大通道，也成为200年后第四次十字军东征时，运送军需物资的要道。

[皮耶托·奥赛罗二世（右）和他的元首父亲]

在与拜占庭帝国签订条约2个月后，奥赛罗二世充分发挥了外交才能，与神圣罗马帝国交好，获得了在西欧自由经商的权力。

4年后，在神圣罗马帝国的皇帝奥托三世访问意大利时，奥赛罗二世也没有放过这次机会，他在面见奥托三世时，希望奥托三世能够成为自己长子的教父，并且还附送了儿子亲手写的改名的长信，这个马屁拍得奥托三世相当高兴，加强了威尼斯和神圣罗马帝国的关系。

在奥赛罗二世时期，无论是经济上，还是政治、文化上，威尼斯都加强了与东西方的交往，最终改变了威尼斯经济被动的局面。

奥赛罗二世英明的领导受到了威尼斯人的推崇，然而，他在执政后期，试图将自己的儿子任命为联席元首，想为今后的官位世袭做准备的举动，成为他执政史上的污点，但无论如何，他的名字永远存留于威尼斯的历史上。

固定航线制度——幕达制度

威尼斯自恩里科·丹多洛时期开始，为了防止其他欧洲竞争者或是沿途海盗的袭击，专门确定了固定的航路，以5艘或10艘商船为一个单位，在军舰或武装商船的护航下，向目的地航行。这种护航船团被称为幕达，护航船团的长官是由政府指派的，通常是经验丰富的海军军官。

1255年，护航船团成为制度，使威尼斯成为唯一有能力在战争时期，仍可以维持不变的商品价格、准确的到货时间与正常运作的市场行情等的国家。这使威尼斯成为一个强大的海洋贸易国家，至少它的敌人热那亚和后来的西班牙都做不到这一点。

护航船团是保证威尼斯贸易的最大支柱。另外，护航船团使得威尼斯海军在没战事时，可以有效发挥作用；甚至

[威尼斯的船长——18世纪绘画]

可以运用军舰空间临时当客货仓，赚取海军自己的预算外的经费。某种意义上或许可以说，威尼斯海军是海上的屯田兵，完全可以自给自足。

当然，并不是所有的威尼斯商人都会跟随护航船团，因为护航船团的速度必须以走得最慢的船为基准，航行耗日费时，成本也高，而且最关键的是护航船团只会保护那些已经成形的固定航线，所以新的航道的开辟，在伴随着大量利润的同时，也有着高倍的风险。

[酿造葡萄酒——14 世纪油画]

葡萄酒在中世纪被欧洲人广为接纳，它既是高级饮料，也被视为有营养价值。当时的欧洲人认为葡萄酒的品质除了受葡萄品种和酿造时间影响外，更重要的是葡萄被挤压的次数。

固定的 4 条贸易航线，由威尼斯护航船团保卫安全

至 13 世纪末，威尼斯已有 4 条固定的贸易航线，它们是：希腊航线；塞浦路斯、叙利亚、巴勒斯坦航线；亚历山大航线（埃及）；佛兰德斯航线（北欧）。

希腊航线

希腊航线的目的地是君士坦丁堡，当然也有部分商船会前往黑海。这条航线上的商船在出港时携带的是佛兰德斯的羊毛制品、佛罗伦萨的纺织品、德国的金属制品以及威尼斯的玻璃制品。到达目的地之后，将商品换成钱，然后再购进葡萄酒、橄榄油、丝绸、砂糖、蜂蜜、蜡和染料。

塞浦路斯、叙利亚、巴勒斯坦航线

这条航线的目的地是中东地区。这条航线上的商船出港时携带的商品与希腊航线差不多，就是多了种木材。而进口的商品主要是香料、大马士革出产的丝绸织物和染料等商品。

亚历山大港航线（埃及）

这是一条前往埃及的航线。亚历山大港是埃及的最大海港，威尼斯的商船来到这里，出口的主要是金属制品、羊毛织物、木材和奴隶，而进口的商品则清一色都是香料。

佛兰德斯航线（北欧）

这条航线有点乱，大多数的商队会穿过直布罗陀海峡，进入大西洋，然后北上驶向欧洲北部。根据需要，途中有时会停靠在英国的南安普敦港。这条航线是最晚开辟的一条，直到 13 世纪末、14 世纪初才正式成形。这条航线出口的主要商品是香料、砂糖、布料和希腊产的葡萄酒，进口的商品全都是羊毛。这些羊毛作为原材料被购入之后，在威尼斯和佛罗伦萨等地加工成高级布料，再通过希腊航线，销往西欧。

《海商法》约束和保护了海洋贸易中的各方利益

1255 年，威尼斯颁布了第一部海洋法典：《海商法》。法典中把所有固定航线及有关的事项法制化，以促进幕达制度更有效地发挥作用。

关于船队中加莱船的约定

清晰地限定船队中加莱船的吨位、运载量、运输费的上下限（这些和现在货车、客车需要去相关交管、运管部门核载登记有点类似），以及采用竞争制度，设定了船只的损伤赔偿方案，以及船只修理或沉没后所需负担的额度。另外无论货物多少，都必须记录在案，目的是为了在保护货物的同时，监管超载的问题。

关于船长与船员义务的约定

《海商法》中明确了船长有义务给予船员规定的待遇，同时船员必须遵守指示，不得擅自行动。若是遇到

[威尼斯的制糖工——18 世纪绘画]

[划桨手]

威尼斯的《海商法》规定了划桨手也可以携带一定数量的货物，这相对于当时其他贸易城邦或者国家来说是一种改革，甚至可以说是一种革命，因为这让很多生活在底层的人看到了希望，只要足够努力总有咸鱼翻身的那一天。

[伊斯坦布尔的香料市场——1857年]

不听指挥的船员，船长也不能当场处理，必须在回港后，向专门负责的海上法庭提出上诉，由法官根据法律在听取当事人及其他相关人员的证词之后，做出裁决。

《海商法》还规定，若船长没有与船上的船员进行商议，擅自变更航线，就会受到惩罚；若船长收取商人的贿赂，根据商人的要求擅自更改停靠港湾，一旦查证属实，船长则会被巨额处罚（罚款金额足以令其倾家荡产）。

关于伤亡船员的补偿办法

所有的航行不可能全部安全，如果遇到在航海中有死亡或是受伤的船员，《海商法》也规定了相应的赔偿金额。这个金额是按等级进行划分的，最低等级的是对于划桨手的赔偿。

《海商法》中还明确了即便是划桨手也应有相应的伙食标准、薪水，更重要的是，规定了划桨手也同样具有商品买卖的权力，也就是说，划桨手也可以带货上船。

这一点非常重要，因为当时划桨手都是奴隶，在中世纪的时候，奴隶是没有任何权力的。威尼斯政府如此用心良苦的考虑到划桨手的权利，这在当时是非常了不起的保护人权的观念。

威尼斯的香料贩卖贸易路线

威尼斯除了有 4 条国营的幕达航线外，还有专门为香料开辟的贩卖路线。香料，就是我国常说的调料，比如胡椒、肉桂、丁香、生姜和豆蔻等，都是中世纪时期受欧洲人喜爱的商品。

在冰箱尚未问世的年代，肉类的保存有盐腌和风干两种方法，但若是肉类已经出现了腐臭，香料就成了改善味道的唯一办法。直到 16 世纪，君士坦丁堡还专门有一个叫“香料市场”的地方，由威尼斯人控制，出售各种东方的香料，这个香料市场热闹非凡，景象堪称壮观。

出产于印度、锡兰等地的香料，是通过以下 4 条路线，越过印度洋，被运到威尼斯在东方的固定港口的。

黑海路线

渡过印度洋，在波斯登陆。穿过波斯，从里海附近的大不里士前往黑海沿岸的特拉布松港。

麦加自古以来就是阿拉伯半岛上各种拜物教的中心，穆罕默德进占此地，清除其他宗教后，这里成为伊斯兰教最主要的圣地。麦加也是一座繁荣的商业城镇，来自亚非和地中海地区的商队汇集于此。

吉达是麦加的主要进出口岸，16 世纪起作为朝觐者的中转港而兴盛，海外穆斯林在此登岸前往麦加朝觐。
如今，吉达是沙特阿拉伯政府外交部及各国使馆驻地，是沙特阿拉伯第二大城市、第一大港、重要的金融中心。

[伊斯坦布尔香料市场一角]

[印度喀喀邦运输香料的情景——1557 年]

[全欧洲最富有的城市——苏黎世]

小亚美尼亚路线

与黑海路线相同，到达大不里士之后，前往濒临小亚美尼亚的拉亚佐港，然后再取道向东，曾经马可·波罗就走过这条路线（马可·波罗之后又到达塔那、萨拉，由河西走廊进入中国境内）。

阿卡路线

渡过印度洋后进入红海，再从红海东岸的吉达登陆，经由麦加、麦地那抵达大马士革。这条路线需要穿过沙漠，在途中需要换乘骆驼。

埃及路线

通过印度洋来到红海之后，北上抵达苏黎世，或者途中在红海西岸登陆，顺着尼罗河南下至开罗、亚历山大港。也有些舰队在到达开罗之后，不再去亚历山大港，而直接转向阿卡。

以上是专门运输香料的贸易线路，来往于这些路线上的除了威尼斯人，还有阿拉伯人、亚美尼亚人、犹太人、希腊人和热那亚人。为了高额的利润，他们穿行沙漠，越过战火纷飞的地区，从来没中断过香料贩卖贸易。

[司南]

航海技术的不断更新：指南针、航海图和计算航程的图表

威尼斯的商船能在地中海、黑海航行，这些均归功于威尼斯人能吸收并发展自己在航海领域的技术，如指南针、航海图和计算航程的图表等。

航海“雷达”：指南针的普及

众所周知，指南针是我国的四大发明之一，当东西方贸易兴盛之时，由阿拉伯商人带到地中海，然后在 1302 年由意大利商人对其进行了改造，之后便开始在地中海地区的船员中迅速普及开，因为威尼斯商人频繁往来于地中海，所以指南针被迅速地传到了威尼斯。威尼斯的海洋贸易崛起，与指南针的出现密不可分。

指南针传到了欧洲后就开始“欧化”，之后的几十年间，指南针又被多次改良，欧洲人将指南针固定在一个分 30 个方位格的木制圆盘上，有效地提高了性能的同时，也更利于使用。于是，指南针成为航海必不可少的设备。

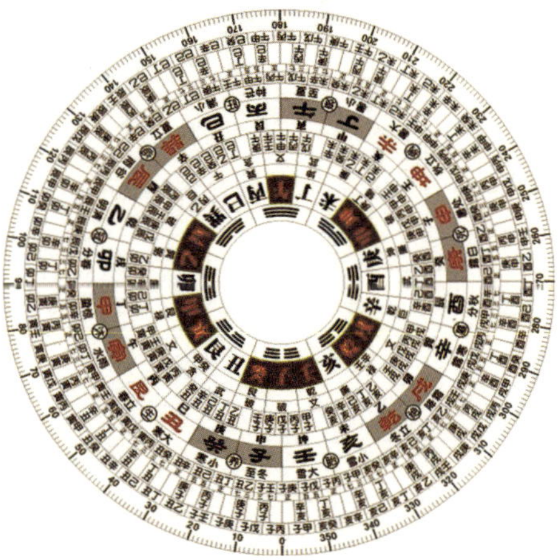

[罗盘的盘面]

经由司南，又发明了磁针，然后用于堪舆和航海。为了使用方便，读数容易，加上磁偏角的发现，对指南针的使用技巧提出了更高的要求，方家首先将磁针与分度盘相配合，创制了新一代指南针——罗盘。

指南针的发明：指南针最早出现在我国黄帝时期，当时的人们利用天然磁石做成的仪器来识别方向，形成了最早的指南针，名曰司南。

追溯起来，早期在海上使用指南针并不多见，主要在陆地上使用。《鬼谷子》中的《谋篇》有这样的记载：“郑人取玉也，载司南之车，为其不惑也。”这个意思是说，郑国人去获取宝玉，需要在车上安放司南，帮助他辨别方向。可见，在当时就已经将司南作为陆路的导航工具了。

[杨良瑶雕像]

根据2014年发现的杨良瑶神道碑记载，他生于736年，卒于806年，是泾阳县云阳镇人，是中国古代第一位手持国书下西洋的外交使节，也是唐朝下西洋第一人。

关于指南针如何传入欧洲还有一种说法，史籍中记录：在唐朝时期，海上丝绸之路非常繁荣，当时在中国做生意的阿拉伯人非常多，他们喜欢中国的船只，而且有很多阿拉伯人在广州和泉州等海港长期定居，所以，指南针也常被认为是通过这些阿拉伯人最早传到了欧洲。

指南针在欧洲有这样的传说：13世纪上半叶，一个疆域空前广阔的大帝国在欧亚大陆产生了，即蒙古帝国。当一个五短身材、眼睛斜视的蒙古人，横穿亚洲中部的茫茫荒漠，前往欧洲寻欢作乐时，手中肯定有一种类似指南针的东西。这就是关于指南针的传说。

文明之眼

出使大食国——带去了指南针

785年，唐德宗李适以宦官杨良瑶作为大使，出使大食国，而他出行的路线是从今天的广州出发，绕过海南岛，沿着今越南东海岸南行，经过海峡，路过天竺、师子国，到达大食国的弗剌利河，换乘小船北行至末罗国（今伊拉克重镇巴士拉），再向西北陆行千里，到达茂门王（穆罕默德）所在的都城：缚达城（今伊拉克首都巴格达）。

这是中国南方船队第一次远行到西亚的阿拉伯世界，据传当时杨良瑶就是使用了指南针作为导航，才不至于在大海中迷失方向。杨良瑶成功到达阿拉伯世界，同时也带去了大唐文化，其中就包括指南针，再由阿拉伯商人将指南针带往了欧洲。

航海图是一种专门用于航行的地图

地图是我们所熟知的，上面会根据位置标注地名，而航海图是专门用于航行的，它与普通地图最明显的区别，就是航海图主要表现的内容是海岸、海滩和海底地貌、海底基岩和沉积物、水中动植物、水文要素、灯标、水中管线、钻井或采油平台，以及航道、界线等。

最古老的航海图是1270年的波托兰航海图，是由比萨商人制作的，而在1300年，威尼斯人也制作了航海图，并使用航海图做指引在大海上航行。威尼斯人的航海图制作得非常准确，特别是他们经常活跃的地中海海域，至今部分航海图内容都可以适用。

威尼斯人还有计算航程的图表

除了航海图之外，威尼斯人还有计算航程的图表。

早先，若要确定航程，一般会使用指南针和航海图，用三角法测量计算而得到结果。但这种方法只有航海经验丰富的人才能算出。

[航海图——1439 年]

[中世纪最精准的航海图——毛罗地图]

毛罗地图是由威尼斯地图学家弗拉 · 毛罗于 1457—1459 年绘制完成的世界地图。

[如今的计程仪]

[《郑和航海图》- 局部 - 明朝]

《郑和航海图》共包括 20 页航海地图、109 条针路航线，以及 2 页 4 幅的过洋牵星图。全图以南京为起点，最远至非洲东岸的慢八撒（今肯尼亚蒙巴萨）。图中标明了航线所经亚非各国的方位，航道远近、深度，以及航行的方向牵星高度；对何处有礁石或浅滩，也都一一注明。

传统的纸质海图随着时代的进步，逐渐被电子海图所取代。它是显示与信息系统之后又一伟大的技术革命。电子海图不仅能给出船位，还能提供和综合与航海有关的各种信息，有效地防范各种险情。

而威尼斯人使用的这种计算航程的图表，不必通过复杂的三角法测量计算，只需使用指南针确定当前航行方向，用航海图确定当前位置，核对图表，就能知道所需的航程。所以，这种图表迅速在威尼斯人中广泛应用。

这些技术的革新，有效地延长了航程，无论是雨天、雾天还是阴天，以前因受制于肉眼所观察的局限，如今都能正常地航行。曾经威尼斯人会在每年 3 月末才开启港口，而在新技术的配合下，起航的时间可以提前至 2 月甚至是 1 月。因此，出海的日期也相应地有了延长，原来一年只有一次的航海机会，现在变成了 2 次，换句话说，原来一年只有一次的收益，而如今翻了一番。

文明之眼

最古老的航海图——波托兰航海图

目前人们发现的最古老的航海图是波托兰航海图，是在 1270 年绘制的。之所以得名波托兰，是因为这个词源自拉丁语“Portolano”，原指用文字编写的航海指南书，由于这类书籍中通常都附有航海图，后来人们逐渐用“波托兰”来表示中世纪的航海图。

波托兰航海图的先进之处在于图面绘有罗盘花，或称“指南玫瑰”，它替代了古地图中作为方向记号的希腊神话里的各路“风神”。从罗盘放射出恒向线，可以指示的方向多达 32 个，沿着其中的方向线航行，可以抵达某个港口。

波托兰航海图的另一个特色就是对沿海地区港口标注得很仔细，陆地则因无用或无知留有空白，或绘满图案来充填。这种航海图抛弃了以往的宗教地图的世界观，转而面对现实世界，进行真实而实用的描绘和指引。

[波托兰航海图细节]

波托兰航海图又被称为比萨航海图，是现存的最早的航海图。这幅航海图制作恢宏，仅从罗盘放射出恒向线，可以指示的方向就多达 32 个。中世纪的波托兰航海图存世不足 200 幅。

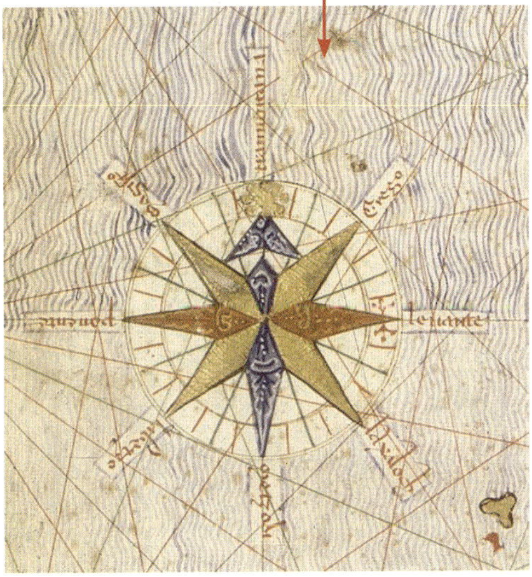

绘制于 1270 年的比萨航海图被认为是世界现存最早的罗盘航海图，现藏于法国国家图书馆。

流水线作业的兵工厂是威尼斯的核心

但丁曾在《神曲 · 地狱篇》中用威尼斯兵工厂来形容地狱深渊中的滚滚黑暗：“我们看那裂缝中的骇人黑暗，一如冬天，在那威尼斯兵工厂，人们熔煮着黏韧的沥青……有人在造新船……有人在造船桨……厚浓的沥青沸腾于下，把堤壁的每一处粘涴。”

但丁写作《神曲》的时间大约是 13 世纪晚期，为了满足威尼斯人的航海需求，这一时期的威尼斯兵工厂的面积在不断扩建，技术在不断改良，威尼斯在这个时期的造船水平已经接近现代工厂的流水线作业了。

[威尼斯兵工厂风景]

威尼斯兵工厂是属威尼斯共和国政府所有，集造船和军械库于一体的复杂生产组织，位于威尼斯主岛东部，建于 1104 年，1320 年开始成为威尼斯最重要的造船基地。

威尼斯兵工厂是世界上第一个流水线作业的工厂，是工业革命之前世界上最大的“原生态的、没有机器的大型制造中心”，占地面积约有 110 英亩（约 0.45 平方千米），占威尼斯总面积的 15%，经常雇佣的工匠和工人多达 2500 人。

第一个拥有兵工厂的城邦

12 世纪初期，由于海洋贸易的兴盛，威尼斯的舰船数量已经明显不足，原有的私人船只已经不能满足需求，于是威尼斯在主岛东部北岸的一侧，建立起了兵工厂。

其实，此时的威尼斯兵工厂仅是将一些私人船坞加以整合，用以提供修理或者是建造普通桨帆船之用，如果需要建造大型船只，还需要利用潟湖中其他地方的船坞，相互配合来建造。

13 世纪初，威尼斯接到了一单大生意，那就是运送第四次东征的十字军战士，威尼斯兵工厂因此得到了扩建。随后到了 15 世纪，由于奥斯曼帝国与威尼斯摩擦不断，威尼斯兵工厂被再次扩建。

提高效率的流水线作业

不断扩建的威尼斯兵工厂，有效提高了造船的速度，这助力威尼斯成了地中海沿岸数一数二的强权之国。

例如，在地中海战事吃紧的 1570 年春季，威尼斯兵工厂在两个月时间内造出了 100 艘桨帆船，若是没有这一及时补充，威尼斯很可能坚持不到第二年的勒班陀海战，更别论取胜了；又如在 1574 年，法王亨利三世访问威尼斯，威尼斯兵工厂的工人在法王用膳的同时，从无到有地建成了一艘桨帆船，而这仅仅是为了给法王用餐助兴而已。

威尼斯兵工厂让威尼斯海军拥有强大的数量优势。在 15 世纪初叶，威尼斯就拥有了 3300 艘各式船只与 3.6 万名水手，它们成了威尼斯海洋帝国的柱石与血肉。

[威尼斯监狱里的制桨工——16 世纪意大利绘画]

该画描绘了威尼斯兵工厂的木匠正在赶制木桨。威尼斯人会充分利用社会劳动力，来完成战备需要，兵工厂也不例外，他们利用大量的服刑人员，来完成工厂需要的流水作业，比如利用监狱里的服刑人员建造船桨。

威尼斯兵工厂采取了标准化生产模式，所有造船的零部件是通用可互换的，标准化的零部件保证了船只组装的准确性和吻合性。

数量优势并不仅仅体现在战舰阵容上，同样也体现在商船阵容上。得益于强盛的商船队，威尼斯不仅控制了地中海的海洋贸易，还时常染指大西洋贸易。例如，威尼斯每年都组建“佛兰德斯大舰队”，这一商船组成的“舰队”在驶出潟湖后，穿越直布罗陀海峡前往葡萄牙、尼德兰与不列颠，在进行种类繁杂但井井有条的商品交易后满载而归，为城邦带来财富。这些都是威尼斯兵工厂助力威尼斯成就海洋帝国的表现。

人性化的管理制度

威尼斯兵工厂为威尼斯的发展注入了一剂强心针，而兵工厂中的工人则是这些针剂，这里的工人待遇极高，并且工资日结，而且这些工人随时都可以在兵工厂内部找到任何工作，即使他们老了，只要愿意继续出力，也依旧如此。如果兵工厂的工人觉得薪水不满意，他们会集结起来向威尼斯总督府表达不满，而官员们为了息事宁人，往往都是恩威并施，给钱了事。

[威尼斯兵工厂外墙上的雄狮]

威尼斯兵工厂是威尼斯人物质和心理上的支撑。圣马可广场钟楼每天敲响“木匠钟”，宣告工作日的开始和结束，全城人听到这钟声，就知道“兵工厂”在运作。

[威尼斯地图——兵工厂一角]

1500 年，威尼斯艺术家雅各布·德·巴尔巴里绘制了一幅巨大的地图，长近 3 米，描绘的是俯瞰威尼斯城的面貌。这幅地图的精妙之处在于，他是从 1000 英尺（约 304.8 米）的高空的视角，以极其自然的细节还原出了这座城市，给现代人了解当时的威尼斯留下了极其珍重的史料。除了圣马可广场，整幅作品上描绘最为仔细的就是威尼斯的船了，可能作者在绘制这幅地图时是怀着无比敬畏的心情，来绘制威尼斯的船的。而描绘得最为醒目的建筑就是有围墙围绕的巨大的国家兵工厂。

在当时欧洲多数地方的工匠尚在小型手工作坊里劳动时，威尼斯兵工厂就已经集结了几千人在流水线作业，所以威尼斯人能获得巨额利润，成就海洋帝国。

威尼斯的大肚帆船

随着威尼斯海洋贸易日趋成熟，对运载货物的船只有了更大的要求，这绝对不是穿行于潟湖的贡多拉所能胜任了，于是就出现了适应商贸运输的帆船。

适应货运的帆船

威尼斯帆船的外形和别的帆船没有太大区别，不过却有一点非常不同，威尼斯帆船为了能够装载更多的货物，往往水下都有很大的船肚，船身上有 2 ~ 3 根桅杆，此时已经出现了三角帆，为了适应不同的天气，也常常会安装四角帆。船头和船尾各有一个舰桥，操舵室设在船尾的舰桥上。

这种帆船在亚得里亚海上航行绰绰有余，不过随着威尼斯海上高速公路的推进，威尼斯的贸易触角渐渐地伸向地中海，此时这样的帆船就显得不堪大任了。

200吨级的阿提莫内

[中世纪货船－威尼斯大肚帆船]

这时威尼斯又建造了当时顶尖的帆船——阿提莫内。这是一种200吨级的大型帆船，其结构与一般的帆船基本相似，船桅也只有3根，但是它预备了更多的船帆。那为什么要准备这么多船帆呢？一是为了在破损时替换，二是根据情况使用不同的风帆。比如在微风情况下，前桅的帆桁上挂的是薄棉制成的大型帆，当暴风雨来临时，便会降下阿提莫内上的常规船帆，换上由厚重面料制成并且浸满油脂的小型帆。

在大型风帆船之后，随着威尼斯海洋贸易的扩展，免不了会和别的国家之间产生利益摩擦，威尼斯人又改进了帆船，这是一种航行速度更快、更灵活、更适合用于战斗的加莱船。

传统桨帆船的加强版——加莱船

14世纪时，威尼斯兵工厂建造出了传统桨帆船的加强版——加莱船。它比普通桨帆船更大，风帆布局也更为复杂，装载的士兵与武器也更多。这种船从外观上看是细细的条状，船身长度是宽度的8倍，又被称为“长船”或是“细船”。常见的加莱船的宽度为5米，根据其长宽比例计算，其长度约有40米。船桅一般为两根，大型的则为三根，加莱船采用的是三角帆，不必像其他帆船那样，为了应对不同的天气而准备不同的帆。加莱船若遭遇恶劣天气，就会降下船帆改用船桨推进。

相比于航行全靠帆的帆船，加莱船的优点不言而喻，另外，由于其船体狭长、船身低矮，受风力及海水的阻力相对较小，它的航行速度非常的快。在海洋贸易过程中大大地缩短了货物在海上的航行时间，用现在的话来说就是物流速度加快了。

[中世纪帆船——柯克船]

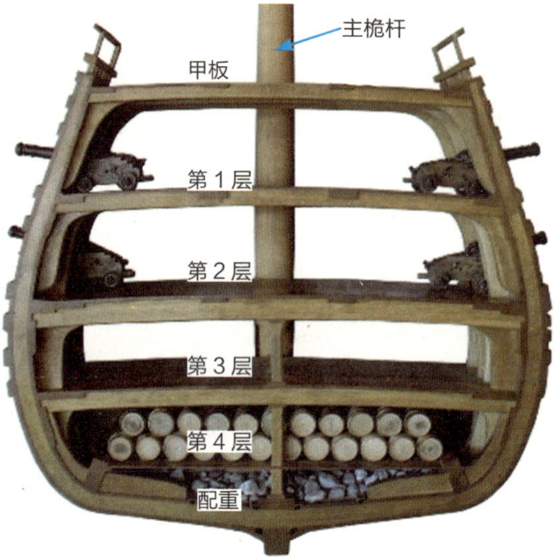

[大帆船剖面图]

由于加莱船装载货物量少，非常适合在地中海航行，于是在日趋繁荣的海洋贸易时代，威尼斯兵工厂将其直接改装成了战船，作为战船，它的缺点就变得无关紧要了。首先，遭遇敌人时，立即降下帆，飞快地靠船桨推动行驶，这样就充分发挥它不受风向影响以及容易操舵等优势，如果对方不是加莱船，那么加莱船的战斗力就可以直接秒杀对手。凭借加莱船上配备的众多水手、桨手，在没有大炮的年代，船速就是武器，只要速度足够快，向敌舰撞去，加莱船的船头就会像尖刀一样插入敌船。

威尼斯通过兵工厂的加工，再从十字军、商人或者海盗那里学习，将帆船改造。从早期的单桅柯克船，到后来的双桅卡拉克船，还有后来的加莱船，威尼斯兵工厂为威尼斯海军装备了大量的战舰。

严格的技术保密制度

根据 1260 年的记录，威尼斯和热那亚当时各拥有 2 艘 200 吨级的大型帆船，而当时在整个地中海仅有 6 艘这种级别的商船。

在 16 世纪以前，与竞争对手相比，威尼斯人的造船

[双桅卡拉克船]

[腓尼基人壁画里的加莱船]

加莱船有两排、三排、四排甚至多至五排的桨，早期希腊人的特有词汇“特雷米”就是指有三排桨的加莱船。

技术，有着压倒性的优势，所以威尼斯有严格的规定：除了破旧不堪的船以外，威尼斯人不得向外国人出售任何船只；另外威尼斯人要买船也只能买本国制造的船。

[雕刻画中的加莱船——1690 年]

假如有别的国家或者城邦的人想要购买威尼斯的船只，他们也不会整条船只出售，只会出售一些零件，严格做到技术保密。可见当时威尼斯人就知道保护自己的知识产权了。

[加莱船最后的变形——威尼斯加利斯船]

16 世纪由于盖伦船的优势和普及，加莱船出现了较大型变形，即加利斯船。

威尼斯的加莱船：船小赚钱并不少

作为运货的商船来说，当然是越大越能运货越好，事实上，这也正是威尼斯人与众不同之处。对于依靠海洋贸易的国家，到底选择用哪种船，大家都会根据自己的需要进行盘算。

热那亚人选择大型帆船

热那亚人决定选择大型帆船，甚至建造了千吨级以上的船只，这是因为热那亚港口的水位比较深，这些大型帆船可以轻松地停靠在热那亚港口，而且因

[泰晤士河上的加莱船]

加莱船的英文是 galley，使用这个词的船型非常多，并非与加莱船都是直系，它们甚至完全不同，比如 17 世纪，英国泰晤士河上有一种划桨驱动的客船也叫 galley。

[热那亚港口的加莱船——油画]

为船体庞大，使得这些大型帆船更适合从西地中海跨越大西洋作长途运输。

威尼斯人坚持以加莱船为主

威尼斯人尽管也在逐渐将帆船做大，但是依然坚持以加莱船为主。一直到 15 世纪初，他们才开始建造大型帆船，最大的一艘的排水量为 720 吨左右。这是因为威尼斯的港口水位浅，大型帆船无法在亚得里亚海停靠，更重要的是，他们主要活动在东地中海一带，而且划桨手数量固定，所以就只将加莱船做大，普通的加莱船被叫作细身加莱船，加大的加莱船，就像是加莱船的 PLUS 版，叫做宽身加莱船，或者叫加莱商船，专门用来运货。

威尼斯商人的加莱船丝毫不比热那亚商人的大型帆船赚钱少

将加莱船增大就可以多运一些货物，但是其大小也没办法与热那亚人的大型帆船比。因为热那亚的大型帆船一个船员可拥有 10 吨货物的运载量，而威尼斯的加莱船每人只有 1 吨的运载量，这是不是就意味着威尼斯商人赚的就不如热那亚商人赚得多呢？事实并非如此。

首先，威尼斯商人会尽可能地选择一些利润更高的货物，比如像香料这种。重量轻，利润高，而且航线安全、航程稳定，精明的威尼斯商人凭

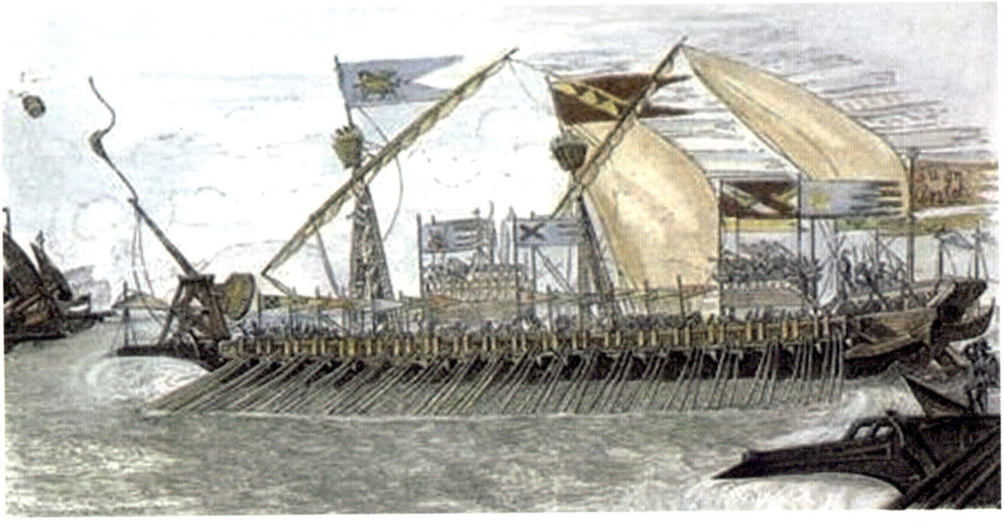

[13 世纪时的威尼斯战船]

借这几点，也能将卖家的价格向下压，而且还加快了资金的周转时间。

其次，热那亚虽然有千吨级的大型货船，但毕竟数量极少，哪怕是普通的大型帆船，仍然需要配备一定数量的人员，以保证帆船的正常运转。而且，他们还需要在船上配备专职的战斗人员。而威尼斯货船因为有统一的护航船团，这一部分开销是没有的。

据说威尼斯的加莱船航行速度可达到 4 ~ 6 节（1 节 = 1 海里 / 小时 = 1.85 千米 / 小时）。

[14 世纪时的威尼斯战船]

[威尼斯战船炮道剖面图]

第三，船的大小不一样，就意味着其航速不一样，航速差异太大是无法组成船队的，一般热那亚人的船队都是各走各的路，这样自然会增大风险，所以热那亚就有了当时最为发达的保险制度，每一次出海，热那亚商人们需要支付大约是货物总额 2 成的保险金，而威尼斯商人则不需要支付这笔钱。

综上所述，威尼斯商人选择加莱船作为规定航线的主流船只是有原因的，虽然热那亚有着千吨级别的大型帆船，但威尼斯商人赚取的利润丝毫不比热那亚商人少。

[16 世纪停靠在港口的威尼斯舰队]

现代财务在记账时普遍采用的是威尼斯式记账法

金融是近现代出现的词汇，而在中世纪的威尼斯，就已有了世界闻名的金融街，最早开创了现代财务制度。

威尼斯式记账法

现代财务在记账时普遍采用的是威尼斯式记账法。在记账时，记账符号采用的是“借”“贷”。在每一笔经济事项发生时，先单列一行记录经济事项发生的时间，然后另起一行记录金额。在平账方面，设置余额账户，用于结转各账期的期末余额。这种记账方法，早在13世纪中期时，威尼斯商人们便已广泛使用，并且在15世纪时，这种记账方法更趋向完善。

阿拉伯数字在威尼斯商人中广泛传播

威尼斯式记账法采用的阿拉伯数字，是在13世纪时由比萨人引入欧洲的，虽然最初它被认为是异教徒的产物，受到来自教会方面的阻挠，但是由于阿拉伯数字的便利性，它不易写错、不易看错，还有0的概念等等，这些优势都是罗马数字无法做到的，所以即使有教会的阻挠，在讲求实用性的商人间，阿拉伯数字还是被广泛传播。

将阿拉伯数字与复式记账法结合，不仅能够清楚地知道自己直接参与的生意的全部情况，还可以通过贸易代理人查

复式记账法中首次出现了结算一词（即英文的BILANZ，这个词来源于意大利文的天平BILANCIA），道理也类似，一切业务就像天平一样，企业的负债与资产平衡。所以，这就是最早的复式记账的形式，写一个“T”字，左边是资产，右边则是负债。

[卢卡·帕乔利]

威尼斯记账法又称复式记账法，发明者是意大利教士卢卡·帕乔利。

复式簿记的发展与演变第一阶段：佛罗伦萨式——复式簿记的萌芽阶段（1211—1340年）。这一阶段以1211年佛罗伦萨银行家采用的簿记为代表。

复式簿记的发展与演变第二阶段：热那亚式——复式簿记的改良阶段（1340—1494年）。这一阶段以1340年热那亚市政厅的总账为代表。

复式簿记的发展与演变第三阶段：威尼斯式——复式簿记的完备阶段（1494—1854年）。1494年意大利人卢卡·帕乔利发表《算术、几何、比及比例概要》，其中第三篇系统地论述了借贷复式记账原理及其运用，标志着借贷复式记账法的正式产生。

[威尼斯银行]

这是 1270 年一个法国人绘制的一幅威尼斯银行画，画中最右边的是一个放高利贷的犹太人。

明贸易明细，全盘掌握贸易的进展，这对威尼斯贸易的发展起到了重大的作用。

现代银行的鼻祖：威尼斯板凳银行

如今，作为普通百姓的我们都知道，有了闲钱要存入银行，没有钱时可以通过银行进行借贷业务。可是你知道吗？现代银行的鼻祖在威尼斯。

从提着钱袋子的板凳银行到“Bank”的出现

为什么叫板凳银行呢？这就要从一座威尼斯教堂说起。威尼斯成了欧亚贸易的要冲，四面八方的生意人都在此集结，这里也流通着各国的货币，所以就要有个中间媒介完成货币之间的兑换业务。

于是在威尼斯的里亚尔托桥一端，里奥多圣雅各伯教堂门前，总会有 4、5 位银行家坐在板凳上，拎着钱袋，桌上放着账簿，在这里进行着各种兑换业务。商人们戏称它为“Bano”（板凳），后来便有了板凳银行的说法。

里亚尔托桥的西岸是威尼斯当时的贸易中心，聪明的威尼斯银行家，把银行设在此处，不必像跑船的商人一样东奔西走，他们只需找个遮风挡雨的地方，就能完成货币兑换，从中赚取利润，何乐而不为呢？

随着威尼斯商人们越来越有钱，需要兑换的金额越来越大，靠这些提着钱袋子的板凳银行家已经无法完成货币兑换了，于是在 1407 年，威尼斯的一些早期银行机构开始营业，为世界各地的商人们服务。

1580 年，威尼斯银行正式挂牌成立，这家银行是我们目前所知的最早的银行。

威尼斯银行的业务种类繁多

有了银行以后，除了能便利于大宗的货币兑换，商人们也不必像从前那样，提着大袋子的货币进行贸易了。

使交易变得便利的银行“账户”出现了，这个词在如今真是太常见了，无论是手机，还是电脑，或者是身份证，都会出现账户这个词，可在中世纪的威尼斯，就已经有了账户这个词，而且想与威尼斯人做生意的商人们，常常都会办理账户。

当时，从伦敦到开罗的商人们，对威尼斯的里亚尔托桥的印象，就像我们今天听到华尔街的感觉一样，而且当时威尼斯有一些报纸，会记录前一日交易的收盘价，商人们可以通过报纸上的价格进行交易。当时办理业务的步骤是这样的：

首先，商人们需要在银行开办相应的账户，并且在里面存有足够的资金，然后商人们只需要告诉银行家需要向某账户汇入多少钱，银行家将其登记在册之后，钱就算过户了。

[门庭若市的威尼斯银行]

[货币兑换——18 世纪绘画]

[板凳银行]

这是一幅广泛流传于意大利的风情画，上面两个人就是早期的板凳银行工作人员。两名意大利放债人在柜台上正在进行交易，这种柜台在意大利语中称为工作台，“银行”一词便由此而来。

美第奇家族是意大利佛罗伦萨的著名家族，这个家族在威尼斯最早从事板凳银行的业务。由于从事这项职务的人员众多，仅1343—1360年，美第奇家族至少有5人因为资本罪而被刑事法院判处死刑（因为当时的金融法并不完善，而这个家族的人在行商时的手段也不太规矩）。后来，由于贸易人数众多，美第奇家族创办了第一家威尼斯“银行性质”的单位。

如此便捷的交易方式，使得世界范围内的商人，只要是想与威尼斯商人进行贸易，基本上都会来威尼斯开办账户。

汇票使得大笔资金的流动变得更容易

在威尼斯银行，有账户的可以通过账户实现交易，假如没有账户的商人，威尼斯人也想到了交易办法，那就是汇票业务，汇票业务实现了异地付款的操作，这样除了降低了随身携带钱币的危险，商人们也不必把卖货的收益再换成商品来交易了。

汇票业务使得大笔资金的流动变得更容易，这不仅针对普通商人，就连国家之间也可以适用。

其实关于银行的内容有很多可以讨论，因为威尼斯的金融是现代金融业的鼻祖，但是因篇幅和主题限制，我们只说到这里，下面我们再来说说关于银行倒闭的问题。

“Bankruptcy”破产

不管是银行家，还是商人，都面临种种风险。商人们一旦遇到海难，货没了，不能赚钱做生意了，欠的钱没办法还，就会找银行家。而银行家如果经营不善，风险掌握得不好，他的银行就会被砸了，于是就出现一个新的单词“bankruptcy”，也就是破产。那么这些威尼斯人办的银行会破产吗？

银行破产在历史上绝不少见，但在威尼斯却很少有这种情况出现，因为威尼斯的银行，就只是银行，他们不会参与企业的经营。因为他们知道经济界的主角从来就不是银行，而是从事实业的商人，银行仅是一个侧面协助的配角，帮助商人完成更合理、更有效的管理。

[造币工人——18 世纪插画]

国债又称国家公债，是以国家信用为基础，向社会筹借资金的一种方式。

根据现有的文献记载，威尼斯政府持续支付利息的时间长达百年。购买长期国债的人，不仅有普通百姓，还有银行，甚至还有周边国家的君主，这些君主担心自己地位不稳，为了以防万一，所以也去威尼斯购买长期国债，这种做法与现在把钱存进瑞士银行，有着异曲同工之处。

在威尼斯，像元首这样的大人物死后，其遗产的大部分会捐给修道院旗下的医院、养老院、孤儿院等福利机构。
以 1267 年去世的威尼斯元首雷涅罗 · 泽诺留下的遗产为例：不动产：10 000 里拉；现金：3388 里拉；贵重金属：3868 里拉；各种债券：2264 里拉；国债：6500 里拉；有限合资投资（132 种）：22 935 里拉。如此巨额的遗产，大部分分配回馈给了社会，也就是说，威尼斯商人生意做得越好，国内投资人获得的回报越丰厚，同时那些依靠福利机构生活的人们也能受益。

威尼斯是欧洲最早发行长期国债的国家

中世纪的威尼斯所发行的国债分为两种：一种是短期国债，还有一种是长期国债。这与我们所熟知的国债不同。

短期国债

威尼斯的民众都非常富有，是一个典型的藏富于民的国家，不过当国家遇到特殊情况的时候，威尼斯就会发行短期国债，比如在威尼斯与热那亚交战时，为了筹集军费，就发行了国债，这种短期国债的利息高达 12% ~ 20%。这样可以在最短的时间内，在不影响国民生活的前提下，快速筹集军费。

长期国债

威尼斯政府希望国库有钱进账，如果单纯靠税收，不仅会让穷人更穷，富人更富，还会削弱国家或城市的财政，所以就发行了长期国债，长期国债由国家负责每年派发两次利息，

相比于短期国债，长期国债的利息虽然只有 5%，却更受国民好评。这是因为它的安全性，作为保证财产的投资手段之一，追求稳健的投资人，会优先选择长期国债。

在威尼斯，除了自愿购买长期国债作为资产保值的投资人，还有一些人是被政府强制要求购买，而这些人共同的特点都是高收入人群。比如 1267 年去世的威尼斯元首——雷涅罗·泽诺留下的债券遗产，就是国家的长期国债，这位元首就属于被强制要求购买的高收入人群。

威尼斯是欧洲最早发行长期国债的国家，同时长期国债也是个人直接纳税的一种方式，由此开始，欧洲各国有了直接纳税的概念。

[最早的金币——里底亚银币（公元前 7 世纪）]

里底亚银币是在公元前 7 世纪小亚细亚的里底亚铸造的，它使用的是金银自然合金，虽然叫银币，但仍无法掩盖黄金的色泽。它被广泛使用于里底亚王国。

里拉是一种常常出现于欧洲历史文献中的货币单位，实际上并没有这种货币存在，它只是一种记载单位，1 里拉的格洛索 =240 枚大银币。

[玩彩票的威尼斯人——18 世纪插画]

威尼斯商人的贸易保障——高利息的融资

作为商人最需要的肯定是本钱，即使一个良好的商业机会，也需要资金的保障。而威尼斯在很早以前就提供了一种融资的模式——海上融资。它有效地为商人们提供了经商资本，也为本国的经济发展做出了极大的贡献。

[《威尼斯共和国》，由画家加纳莱托在 1730 年所绘]

最早的联合股份公司

其实出资、合股这种融资方式，并非是威尼斯人首创的。它最早出现于犹太人、希腊人以及阿拉伯商人之间。但是这些国家的商人在使用时仅限于家人、亲戚之间，而没有血缘关系，只要是同国人便可以进行入股的方式，却是意大利这边的威尼斯、热那亚等海洋城邦国家首创。

高利息的融资

海上融资是指借款人利用出资人的本钱，换得一船的货物，然后平安返航卖出商品，偿还利息和本金的一种快速融资的方式。这种融资年利率是 2 成，虽然这个利息高到让人咋舌，但是只要经商手法适当，还是有利可图的。

1343 年威尼斯人借给拜占庭帝国皇帝康士坦丁的祖母 3 万杜卡特，到康士坦丁坐上皇位时，这笔高利贷已经变成了 642 万 5000 杜卡特。威尼斯人凭借强大的海上力量，迫使拜占庭帝国灭亡时都在还这笔高利贷。

[《威尼斯商人》中的夏洛克剧照]

莎士比亚的喜剧《威尼斯商人》讲述了威尼斯商人安东尼奥为了促成好友巴萨尼奥与富家女鲍西亚的婚事，而向犹太人夏洛克借贷，由此引发的一系列故事。上图人物夏洛克是典型的吝啬鬼的代表。

威尼斯的主要融资制度

海上融资根据合约的不同分成两种融资方式：

一种是投资人出资 2/3，剩下的 1/3 由经营者负担。所获得的利润，在扣除必要的开销之后，由投资人与经营者对分；

另一种是投资人全额出资，经营者需要付出劳力，不必出钱，待归航后销售商品所获得利润的 3/4 归投资人，剩下的归经营者。

可能大家看到第二种融资制度，会说这不公平呀，因为经营者出海需要冒着巨大的危险，只拿到利润的 1/4，是不是有失公允呢？

事实上，这种关系是一位投资者与经营者的关系，如果经营者同时与 10 位投资者进行这种融资，那么他就拿到 10 次 1/4 的利润。反正出海一次，做一次贸易所耗费的体力与脑力是相同的，所以完全可以同时与 10 位投资人以第二种融资制度融资。

有限合资制度是威尼斯经营者的主要合作方式

第二种融资制度又被称为有限合资制度，它成为威尼斯商人主要采用的制度。

首先，从投资人的角度来看，不仅分散了风险，而且凭借为去向不同的经营者提供融资，可以开启投资人多元化的经营。比如同样是木材，装在不同航线的船上，既可以从亚历山大港换回香料；还可以从叙利亚换回丝织品，而且根据市场需求情况，如果最近某些商品运输量大，那么投资人就可以稍微平衡一下。

再次，从经营者角度来看，自己一分钱都不用出，依靠与多位投资人建立融资关系，就可以从每位投资人那里获得 1/4 的收益。

另外，从投资大环境上来讲，这种制度搞活了本国经济，充分让资金流动起来。让手里有点小钱的人即使无法直接从事海洋贸易，也有了投资的机会。虽然看上

[垄断与反垄断漫画——1899年]

垄断与反垄断一直是政治家的难题，既希望国内拥有百年企业，可以做大做强，又害怕它们过于强大而损害国家经济，于是便有了上面这幅漫画，描绘的是山姆大叔被依托杀害。

去单笔金额并不大，但是全国加起来的投资人口基数大，这样汇总起来也是一笔相当大的数目。

从12世纪开始，到14世纪中叶，威尼斯依靠这种融资方式，整合了整个国家的资金，有效地完成了经济链的合理化驱动，海上融资在威尼斯经济中占有重要的地位。

威尼斯的政策倾向小商人，打破别国垄断的同时也打击本国垄断

有了银行，就有了借贷，但是无论是从信誉还是偿还能力来看，大概大部分银行都会优先选择大企业，这是很自然的选择。如果持续这样，势必会造成垄断，这一点威尼斯人尤其明白。

比如，威尼斯政府就曾要求在埃及的威尼斯商人组成商人联盟，又叫“卡特尔”，然后由“卡特尔”统一大批量的进货，这样便能拿到更有竞争力的价格。

早在中世纪的威尼斯就已经有了卡特尔这样的商人联盟，而如今，在WTO中依然有“卡特尔”的存在，并且将它的概念写入了《布莱克法律辞典》中。

另外，在威尼斯，如果卖方想利用自己庞大的资金囤积商品，打算抬高市价的时候，威尼斯政府又会果断出手干涉，没收货物，改用竞标方式将商品销售。

在威尼斯历史上就有这样的一个案例。曾经靠在塞

❧ [塞浦路斯王国的开创者 ——盖伊]

塞浦路斯是位于地中海东岸的一个岛国，面积约 9251 平方千米。岛上盛产甘蔗、柠檬、葡萄，并大量出口。

❧ [《三国演义》剧照]

图上这位就是电视剧《三国演义》中蜀国五虎上将中的马超。但此处我们要说的不是马超，而是其堂兄弟马抗。根据《亚美尼亚史》的记载，亚美尼亚国家的创建者是马米科尼扬家族，而这个家族的创始人叫马抗，来自中国，是三国时期的人。也就是说亚美尼亚人也是中国人的后裔。

❧《亚美尼亚史》是记录亚美尼亚早期历史的资料。

❧我国历史资料《蜀世谱》中记载，马氏族人在马抗的带领下“或至西海”。《后汉书》中也提到西海这个地方，“班超定西域，遣甘英穷临西海而还”。中国古代所谓的“西海”就是指今天的波斯湾，也就是说马氏族人西迁到了波斯国。

浦路斯种植甘蔗和开发盐田起家的威尼斯首富费德里柯·科纳就被中小商人控告违反禁止垄断条例。当威尼斯政府受理此案时，并没有因为他是首富而改变立场，而是对他发出警告，并且还对他之后的贸易活动实施监控，以防止他利用自己雄厚的资本在威尼斯建立垄断体制。

对于贸易的垄断与反垄断，威尼斯一直探索的贸易方式无疑是成功的，威尼斯政府通过全力支援中小商人、活跃中小商人的经济策略，有效地防止了国家经济僵化。

这样无论国家遭遇什么变故，百姓都是国家这艘船之下的水，水的活跃与平静，能够有效地保障国家机器的正常运转，而国家的正常运转又使水更加活跃与平静。

威尼斯官方出面，使得商人们减少损失

威尼斯凭借固定航线的优势，以及幕达制度的保证，使威尼斯商人能够安全地进行海洋贸易，加上舰队定期的巡航制度，最大限度地保障了航线的安全，这是政府给予商人们的最大助力。除此之外，在贸易过程中，威尼斯政府还给本国商人提供了各种保障。

商团能保证价格上的公平，但是贸易硬功夫还要靠自己

威尼斯商人从买到卖，处处都透着他们的精明与实干。比如在国外，当地的称重也就是度量衡与威尼斯不一样时，威尼斯商人会通过最快的速度核算出二者间的换算，但像小亚美尼亚难以琢磨的“玛泽帕尼”计重方式就需要

特别的应对方式。之所以说“玛泽帕尼”难以琢磨，是因为以它为计量方式的商人们，会根据自己的心情，随意定价以牟取暴利。

“玛泽帕尼”常在小亚美尼亚买卖小麦和大麦时所用到，为了避免被他们“算”走更多的钱，保障威尼斯商人的利益，由威尼斯官方组成商团，通过从较有威信的本地商人那里，探听最新的计量方式，然后再安排威尼斯商人前去采购。有了这样的“指导价格”，威尼斯商人在贸易中才不至于吃亏。

虽然这样的商团能保证价格上的公平，但是从印度购买的香料质量的好坏却参差不齐。比如，乳香粉中可能掺杂了大理石粉；豆蔻应该又大又硬，当用针刺穿外壳时，应该往外溢水才是好的，否则就一文不值；再比如肉蔻摇晃的时候不会发出声音等等，如此一类的鉴别信息，商人们必须要靠自己的眼光和见识，才能采购到好货。

威尼斯政府出面交涉，分毫必争，赢得了苏丹的尊重

尽管商人们能够靠自己锻炼的技能采购到好货，但是在贸易中总会有各种各样的意外发生，不过威尼斯政府总会积极参与解决本国商人遇到的问题。

比如1419年，威尼斯商人在亚历山大港采购胡椒时，市场价仅为每担100第纳尔的胡椒，威尼斯商人却被强行以每担150 ~ 160第纳尔的价格购入，而且这个价格还是由当地苏丹专门针对威尼斯商人制定的。

出现了这种事情后，一方面，威尼斯政府立即派出使者面见亚历山大港的苏丹；另一方面，集结舰队前往亚历山大港。

威尼斯使者在面见苏丹时，向其献上了大量的财宝，声情并茂地诉说威尼斯商人在此处受到的不公平待遇，另外使用极其严肃的态度，转达了威尼斯元首

[乳香]

乳香生长于干旱贫瘠地区，深受印度人的喜爱，它也是耶稣出生时东方三博士赠送的三样礼物之一。最好的乳香产于阿曼的朵法尔，被称为此地的国宝。

[豆蔻]

豆蔻是一种常绿草植物，叶子像芭蕉，而作为香料的就是它的种子。一般白色的豆蔻非常漂亮，我国常用“豆蔻”形容十三、四岁的少女。

[肉蔻]

肉蔻原产于印度尼西亚、马来西亚、西印度群岛及巴西。

据《亚美尼亚史》记载，由于波斯国王的宽怀，收留了来自中国的马抗等人，继而建立了后来的亚美尼亚王国。后来，由于与当地人联姻，马抗族人改姓“马米尼科扬”。这一段记录是否真实，不得而知，也不排除由于政治原因，马氏后人对自己祖先的包装。

的斥责，他们把从拜占庭人那里学来的高超外交技能，充分应用在与伊斯兰世界的交往中。同时，在另一边威尼斯军舰进攻了离此不远的黎凡特，在如此威逼利诱的手段之下，终于降低了威尼斯商人们的损失，同时又赢得了苏丹的尊重。

[古黎凡特人]

黎凡特——如今在地球上是找不到这样一个国家的。其实它是一个地理区域，广义上一般指的是整个东地中海地区及其所有岛屿；狭义上讲，黎凡特指的就是古叙利亚。

[黎凡特古代城墙]

威尼斯殖民地的管理政策

殖民地行政等级制度

海洋贸易的延伸，需要许多自上至下的管理人员，而这些人员未必是威尼斯人，所以威尼斯人精密核算了每一级别的殖民地管理人员，根据他们的职责给予威尼斯的特权，支付给他们薪酬。

首先是最高层。比如，在威尼斯国内负责殖民地事务的长官，每年威尼斯会分发给他 1000 杜卡特，作为他管理殖民地事务的薪酬。为了彰显君士坦丁堡的重要地位，负责君士坦丁堡事务的市政官也获得相同的每年 1000 杜卡特的薪酬。

其次是负责各据点的管理人员。威尼斯政府将贸易航线上的各个据点，分派给不同的市政管理人员，也有些特殊的存在，比如像莫东和科罗，分别由一位“代理城主”管理，而像阿尔戈斯和纳夫普利翁则由一位市长管理。

另外，对于国外的领土，比如塔纳和萨洛尼卡建立的定居点则由领事负责管理。

这些殖民地的行政长官都是从威尼斯贵族中选举出来的，不管被选举出来的人是否愿意，在人口捉襟见肘的威尼斯，都必须为国效力，否则就要接受惩罚。

威尼斯国内的防腐败政策

腐败是每一个国家在高度繁荣之后的副产品，如何杜绝腐败，是走到繁华巅峰的威尼斯时刻注意的问题。

首先，他们从制度上开始防止腐败。在每一个威尼斯长官下面，都配备了一些公务员，他们有顾问、财务主管、殖民地将军、公证人、书记员和法官。从上至下，自威尼斯元首，到普通公务员的权责都被清晰地记录着，甚至精确到了元首出行时随从官员的人数、用来维持威望和日常所使用的仆人、马匹的数量、享用的津贴，都有着严格的规定。

比如在 1396 年，乔万尼·博恩被派往位于克里特岛的干地亚去管理财政。他每一年都要向克里特公爵及其顾问事无巨细地汇报之前的所有事务，并且不得接受任何当地人提供的服务和礼物。就算是克里特公爵要打开下属干地亚财务室的房门，都要经过三位财务官的书面同意，才可以打开，这就是威尼斯维持监管的措施和集体负责制的管理策略。

其次，官员们必须接受监察官和普通民众的监督。在威尼斯，无论是威尼斯元首，还是身处国外的威尼斯办事员，每一个职务都要接受审查，国家的监察官员们还会定期展开调查。另外，若是接到民众的举报，监察官员们有权在任何时刻审查被举报的官员，甚至包括威尼斯元首。如果被举报者身处国外，威尼斯政府会安排

[繁华的威尼斯（局部）]

[电影《致命伴侣》中的威尼斯风情]

[《共和国的力量》——1748—1750 年]

这是一幅威尼斯绘画，描述的是威尼斯共和国的力量来源于对海洋的控制。

[威尼斯在科孚岛上的建筑图腾]

[威尼斯国外驻防点]

位于希腊的威尼斯殖民时期的驻防点，此地是东地中海沿岸众多堡垒之一。

监察官员们前去调查，若遇到情节严重的，则可以强行押回威尼斯。

比如在 1447 年春天，威尼斯的监察官员们收到秘密报告，称克里特公爵安德烈亚·多纳托收取了米兰雇佣兵统帅的贿赂。威尼斯的监察官员们接到消息后，立刻发出了如下的办事条例公文：

1. 以最快的速度前往克里特岛的干地亚，并且船只中途不许停靠；

2. 抵达干地亚后，船只停在海湾内，监察官员们不得登陆，也不准任何人上船；

3. 派遣一个值得信赖的人，假装调查黎凡特局势来这里，以觐见奥斯曼帝国苏丹这样的理由，将克里特公爵安德烈亚·多纳托请到船上。一旦请来就立即将公爵带回威尼斯；

4. 另外，将干地亚地区的事务交

给克里特岛的海军统领和顾问们代管。

办理这起事件，自发出逮捕克里特公爵安德烈亚·多纳托的公文，至最后将公爵劫走拷问，加上来回路程一共花费了45天。

对于这样的事情，在威尼斯众多的档案记录中数不胜数，有克里特公爵因欺诈行为而遭到传讯；有官员犯下敲诈罪的……但是无论如何，威尼斯的监察官员们都秉承公正、客观的态度去处理他们，若是遇到无法决定的事件时，他们会让元老院的成员投票决定。

众所周知，威尼斯的英文是Venice，有时也被称为Serenissima，这个单词的含义是“最尊贵的城”，可见威尼斯人曾铸就令世人瞩目的辉煌。

威尼斯曾在亚得里亚海沿岸建立了许多贸易港口和防御工事。由于火药的发明，类似的防御工事很快在整个欧洲蔓延。现在，在意大利、克罗地亚和黑山沿亚得里亚海1000千米的海岸线上的15个威尼斯当年遗留防御工事被列入世界遗产。这些建筑不仅见证了威尼斯当年的兴盛，也向今天的人们诉说着当年的历史。

扼制殖民地经济发展，着重发展威尼斯需要的方面

威尼斯官员们的薪酬，以及每一次海上舰队的巡航，都是需要资金支持的，这笔钱来自哪里？威尼斯政府在尽可能地保护国民的同时，把沉重的负担压在了殖民地的人民身上。只要在安全、稳定的范围内，苛捐杂税成为威尼斯收集金钱的一种途径；殖民地的资源根据种类不同，被威尼斯人运送去不同的地方。

[元首府邸的会议——1775年]

[克里特岛的建筑上存在的威尼斯的图腾]

克里特岛诞生了著名的米诺斯文明，它来源于古埃及和小亚细亚，是亚非古大陆在地中海上诞生的一处次生文明。但是，威尼斯却只将此地看作一片大的种植园，并未另作他用。

严格控制殖民地的发展

身居潟湖之上，最缺乏的就是食物。于是威尼斯从它的殖民地尽可能地搜集食物。比如像克里特岛的小麦和硬奶酪、葡萄酒和蜂蜜，这些资源被威尼斯限制出口，只能以极低的价格卖给威尼斯商人。不仅如此，每船物资还要接受极其认真的检查。

除了粮食，威尼斯最缺的还是人力。为了发展海洋帝国的事业，除了压迫殖民地的民众日夜劳作之外，威尼斯还会将许多奴隶运送至这些殖民地的农业园区。比如在克里特岛，由于 1348 年的黑死病，导致这里十室九空，必须采取措施增加人口，才能完成土地上的工作。于是一直到 14 世纪末期，黑海的奴隶被大量的贩卖到克里特岛。

为了保证国内粮食的供给稳定，威尼斯强迫这些殖民地的民众日夜劳作，不允许这些地方有其他经济项目。威尼斯的这些控制手段十分有效，把希腊沿海的经济发展控制到了几乎停滞的程度，工业（当然是除了造船业）发展基本停滞。在威尼斯为其制定的发展路线上，它们只需要生产粮食就够了。

[1492 年的圣马可广场]

海上收费站

对于行驶在海上的商船，威尼斯也有办法从他们那里赚钱，那就是设关卡。比如像科孚岛，威尼斯规定：凡是行经这里的商船里的商人都必须上岸，除了交换外界信息之外，还要根据其载货的数量，交上相应金额的费用。像这样的据点，威尼斯在整个地中海设置了多处，这就意味着，每有一艘船从这些据点驶过，都有一笔钱揣进威尼斯人的口袋。

威尼斯共和国大事年表

452 年	威尼斯人为逃避战乱，迁居潟湖
697 年	威尼斯共和国选出第一位元首
810 年	击退查理曼大帝长子（丕平）的进攻
811 年	与法兰克王国、拜占庭帝国签署协议，威尼斯获得了在两国境内的通商权（称为河川贸易时代）
828 年	圣马可遗骸自亚历山大城运回
843 年	威尼斯建立都城
992 年	拜占庭帝国与威尼斯签约，给予威尼斯贸易最惠待遇，要求威尼斯肃清地中海沿岸的海盗，确保拜占庭帝国的海洋安全
998 年	在威尼斯元首皮耶托·奥赛罗二世的领导下，亚得里亚海东部海盗很快被肃清，沿途建设了一系列的要塞，被威尼斯保护的城市有完全的自治权，但必须承诺提供物资与船员的义务
1000 年	威尼斯获得亚得里亚海制海权，进入海洋贸易时代
1023 年	威尼斯舰队打败埃及舰队，贸易扩展至巴勒斯坦地区
1047 年	威尼斯与拜占庭帝国关系开始恶化
1081 年	诺曼人入侵拜占庭帝国，威尼斯以援助拜占庭帝国为由，获得了在拜占庭帝国全境通商的权利，并且免税，可在君士坦丁堡拥有租界
1123 年	威尼斯积极参与了第三次十字军东征，获得了地中海东部巴勒斯坦地区的贸易特权
1170 年	君士坦丁堡内爆发反威尼斯人暴行，威尼斯和拜占庭帝国因此断交了 20 年
1202 年	阴差阳错的第四次十字军东征开启
1204 年	第四次十字军东征期间打败拜占庭帝国，占领了君士坦丁堡，威尼斯获得了昔日拜占庭帝国 3/8 的领土（包括东地中海最大的克里特岛）
1258 年	第一次热威战争开始
1261 年	拉丁帝国崩溃。为了争夺黑海贸易，威尼斯与热那亚开启了断断续续的百年战争
1271 年	马可·波罗启程前往东方
1295 年	第二次热威战争
1297 年	元首葛登尼实施改革
1298 年	热那亚 80 艘舰队与威尼斯 90 艘舰队展开了大决战，威尼斯惨败，仅 6 艘船回国（史称“科尔丘拉岛战役”）
1300 年	热那亚与威尼斯斗得筋疲力尽，两国议和，维持了 50 年的和平
1310 年	奎里尼·蒂耶波洛叛乱失败
1323 年	实施共和国国会议员世袭制
1350 年	第三次热威战争
1355 年	元首马里诺·法列罗政变失败

1380 年	威尼斯遭到了热那亚、匈牙利和帕多瓦三国围攻，威尼斯成功取得基奥贾战役大捷，第四次热威战争结束
1400 年	威尼斯获得意大利本土行省
1402 年	趁着威尼斯与热那亚在争夺地中海霸权的机会，奥斯曼帝国完全蚕食了拜占庭帝国领土，拜占庭帝国昔日的属国纷纷归附奥斯曼帝国，除了伯罗奔尼撒半岛以及君士坦丁堡周边，拜占庭帝国已经再无领地。在奥斯曼帝国开始包围君士坦丁堡的同时，东方的帖木儿蒙古大军重创了奥斯曼帝国，奥斯曼帝国苏丹被俘，拜占庭帝国因而苟延残喘了 20 年
1430 年	威尼斯与奥斯曼帝国争夺伯罗奔尼撒半岛首府帖撒罗尼迦，两国展开了首次交锋
1453 年	拜占庭帝国灭亡
1454 年	威尼斯与奥斯曼帝国签订了通商条约。同年，威尼斯也结束了北意大利长达 23 年的混战，签订《洛迪和约》
1470 年	奥斯曼帝国以 12 万陆军、250 艘战舰向雅典附近的内格罗蓬特进发。仅耗时一个月，在威尼斯海路援军到来之前，内格罗蓬特就已经陷落
1479 年	威尼斯与奥斯曼帝国议和，奥斯曼帝国返还了伯罗奔尼撒内陆，仅保留几个出海口基地与东地中海岛屿，阿尔巴尼亚返还给奥斯曼帝国
1499—1503 年	爆发第二次对奥斯曼帝国的战争，同年 7 月，达·伽马开辟了绕非洲南部横渡印度洋直达印度的新航路
1508 年	康布雷同盟战争爆发
1538—1540 年	普雷韦扎海战——第三次对奥斯曼帝国战争
1571—1573 年	威尼斯、西班牙和教廷组成的基督联合舰队与奥斯曼帝国海军在勒班陀发生激战，基督国家联军大胜
1606 年	教皇颁布禁止圣务，处罚威尼斯
1645—1669 年	克里特岛防守战开打——第五次对奥斯曼帝国的战争。奥斯曼帝国开启了长达 25 年的对克里特岛的侵略，由于欧洲大陆在进行“三十年战争”大混战，威尼斯几乎是凭借一己之力对抗，最终国力不支，放弃克里特岛
1683—1699 年	摩里亚（伯罗奔尼撒半岛）收复战——第六次对奥斯曼帝国战争
1714 年	第七次对奥斯曼帝国战争——第二次摩里亚（伯罗奔尼撒半岛）之战
1797 年	拿破仑率大军（第一次反法同盟期间）占领了威尼斯，并将威尼斯交由奥地利管辖，威尼斯共和国宣告灭亡
1805 年	拿破仑从奥地利手中夺回了威尼斯，将其并入意大利王国。
1814 年	拿破仑战败，威尼斯被威尼西亚王国统治，威尼西亚王国此时被奥地利掌控
1848—1849 年	在马宁的带领下，威尼斯人再度建立了威尼斯共和国
1866 年	普奥战争后，威尼斯与威尼西亚王国的其他地区成为现代意大利的一部分